悦读科学丛书

温度是什么

董学智 著

清华大学出版社
北京

内容简介

0度是什么？人们该如何理解温度？本书以热力学单位——温度的定义为主线，简要介绍了物质相变、温度测量、储热、传热、热力学定律、熵等基本概念。对温度的解释由浅显易懂的冰雪融化，逐步延伸到凝聚态物理、宇宙学、高能物理、计量学、传热学、工程热力学等基础科学及应用技术领域。从这个意义上，本书是一本物理学科普书籍。但同时，本书也是一本科学哲学的启蒙书籍，以科学哲学的视角看待和解释物理常识，在对能量守恒定律、熵增原理、绝对零度等物理概念进行哲学层面探讨的同时，也借用物理现象对实证主义、工具主义、范式理论、科学的本质、技术哲学、科学史观、科学与科学家等科学哲学的基本概念进行了通俗描述。

本书将科研工作者们讳莫如深的"科学社会学"真相毫无保留地展现给了读者。拒绝灌输知识，反对照本宣科，因此本书适用于所有热爱科学、喜欢独立思考的读者。

图书在版编目（CIP）数据

温度是什么 / 董学智著.— 北京：清华大学出版社，2022.9
（悦读科学丛书）
ISBN 978-7-302-61360-2

Ⅰ.①温… Ⅱ.①董… Ⅲ.①温度—普及读物 Ⅳ.①O551.2-49

中国版本图书馆CIP数据核字（2022）第124196号

责任编辑：鲁永芳
封面设计：常雪影
责任校对：赵丽敏
责任印制：曹婉颖

出版发行：清华大学出版社
   网 址：http://www.tup.com.cn, http://www.wqbook.com
   地 址：北京清华大学学研大厦A座   邮 编：100084
   社 总 机：010-83470000   邮 购：010-62786544
   投稿与读者服务：010-62776969, c-service@tup.tsinghua.edu.cn
   质量反馈：010-62772015, zhiliang@tup.tsinghua.edu.cn
印 装 者：天津鑫丰华印务有限公司
经 销：全国新华书店
开 本：170mm×240mm   印 张：12   字 数：186千字
版 次：2022年10月第1版   印 次：2022年10月第1次印刷
定 价：69.00元

产品编号：091430-01

序

　　读科普书的意义是什么？科普书真的像宣传得那样可以让读者掌握有用的知识吗？

　　有很大一类科普读物是博物类的，内容涵盖丰富，老少咸宜。从南极的企鹅、马里亚纳海沟的鱼群，到远古的恐龙和三叶虫、月球上的环形山。只要读者有足够的时间，有良好的记忆力，就有无数的书籍可供阅读。开卷当然有益，但是如果不读就真的有害吗？不知道"北冥有鱼，其名为鲲"会怎样？现代社会已经允许绝大多数人"四体不勤，五谷不分"，即使觉得"牛肉是超市里长出来的"，也不会对生活产生本质性的影响。如果科学知识只是用于席间炫耀博学聪慧的谈资，那么，恐龙与迈克尔·杰克逊并无本质差异。

　　另一类科普读物更专业，试图向孩子们讲授原子结构、天体运行、宇宙的起源、量子力学、相对论、黑洞、弦论等科学知识。这些科普作家的能力和专业性让人钦佩。他们将难以理解的科学概念翻译成朴实易懂的语言。但科学的本质并非知识的堆砌，更不是对科学结果的机械背诵。有时，作者为便于理解，而将此类科普读物变为只需背诵的博物学教材的时候，科普就已经丧失了实际意义。学习过"日心说"的小学生与中世纪掌握复杂数学知识、会用本轮理论计算行星轨道的天文学家相比，谁的科学素养更高？靠灌输知识对日心说深信不疑的孩子，真的会比相信星星上住着小精灵的孩子更具有科学精神吗？

　　科学是不断变化和成长的，比起机械背诵，理解科学方法更为重要。但科学方法却总是难以系统总结，对其一直存在着误解。科学家自己都不能正确阐述自己工作中所使用的方法，科学哲学也没能胜任这一工作。

　　长期的误解让谎言占据着科学方法领域，前人的辛苦工作被掌握现代视角的人无情地贬低和蔑视：亚里士多德似乎总是错的，这位伟大的学者在科学领域似乎就从未正确过；每天，教会的僧侣们只是在干着阻碍他人科研和讨论针尖上天使数量的工作；除少数英雄人物，大多数科学权威都在愚蠢、保守和邪恶地阻碍新理论。事实真的如此吗？

既然科学是在自我质疑中不断进步的，那么，哪些科学知识是可以质疑的，哪些又不是呢？能量守恒定律会是错的吗？真空中的光速是不变的吗？牛顿三定律只在低速条件下才成立吗？黑洞真的存在吗？宇宙起源于大爆炸？以上问题看上去都可以质疑，但事实并非如此。虽然黑洞可能并不存在，宇宙大爆炸理论也可能只是假想，但能量守恒定律和光速不变看上去不容置疑，牛顿定律从某种意义上也永远正确。科学方法教育工作应教会人们如何正确质疑，但显然，这项工作至今并未完成。

科学家在科学发现中到底扮演着怎样的角色？科学家在公众的印象中，常常是头发蓬松、不谙世事、一心只为发现宇宙终极秘密的形象。但公众真的可以放心将巨额的经费交给他们使用吗？炼丹师作为最古老的科研工作者，长期为皇帝研究炼金术和长生不老药，在这些人中，有些是纯粹的骗子，有些却是真心实意地为科研献身，只是未能选择正确的方向。现代科学家真的改变了前辈的陋习吗？夸大自身工作的重要性，试图拿到更多经费，贬斥质疑者无知，这样的科学家与《皇帝的新装》中的骗子又有什么不同？

热力学作为古老的物理学分支，既与人类生产生活息息相关，又与物理学前沿密不可分。本书并不是严格意义上的热力学科普教材。虽然书中的内容涵盖了热力学中绝大多数的概念，但这些热力学知识更像是足球比赛中的足球。欣赏比赛应该关注双方队员的攻防，而不是足球的运动轨迹。借助热力学知识，完成对科学方法的粗浅解释才是本书的真正主旨。

科学方法是什么尚无定论，仅能窥见一斑。因作者学识有限，部分内容恐有偏颇，望不吝指教。

目　录

第 1 章　　0 度是什么[*]

温度是什么？每天早起，收听天气预报："今天最低气温 –5℃，最高气温 10℃。"这是什么意思？"明天最低气温 0℃，最高气温 12℃。"这又意味着什么？从这些数值中，又怎么得出我们出门是不是该穿秋裤呢？

我们将以"0 度"作为"温度之旅"的开端。或许，读者会觉得对这个问题的答案已经了如指掌，但我仍然有信心，通过讲述这样一个简单易懂甚至已经"过时"和"陈旧"的概念，使你获得不一样的思考视角，让你和我一样，不再只关注知识本身，而是从中发掘出新的科学思考能力。

通常所说的"0 度"，就是 0 摄氏度（0℃）。当我们听到天气预报中，气温达到了"0 度"，脑海里浮现出的就是冰冻、下雪和寒冷。1742 年，瑞典科学家安德斯·摄尔修斯（Anders Celsius）首次提出利用冰的融点 / 凝固点不变的特性，将冰的融点作为温度计的标准温度之一。当时，他将冰的融点定义为 100 度，后来为了方便使用，在施勒默尔的建议下，冰的融点被定义为 0 度。

在当前的物理教科书中，仍然会给出 0℃的一般定义，通常会这样描述："**1 标准大气压**下，**纯净的冰水混合物**的温度为 0℃。"这一定义中涉及了三个限定条件——

---

* 本书 0 度指的是 0℃。

"1 标准大气压""纯净的"和"冰水混合物"。

这三个限定条件似乎很容易理解，但如果仔细思考，每个又都不是那样显而易见。因为过多的限定条件难以同时满足，所以，这一定义已经不再被科学家们采用，现在物理教学中仍然使用只是为了讲解方便。

不容易懂的温度，容易懂的大气压

要想理解温度的概念，就必须知道什么是压强。压强与温度是关系紧密的物理量。要定义温度，首先需要定义压强，这并不是跑题，而是任何学科建立都要经历的过程。速成并不可能，概念之间相互影响，要真正理解一个概念，通常必须理解另一个概念，而另一个概念又会引出更多的其他概念，只有全部概念都完成定义，整个学科体系才会建立。先从简单入手，定义容易的概念，是每个学科发展的必经过程。

上面已经提到，0℃定义的前提条件之一是"1 标准大气压下"。那么大气压又是什么呢？大气压，顾名思义就是大气产生的压强，当我们被大气紧密包裹的时候，也被大气压所影响着。**在工程上压强通常称为压力，尽管它并不是一个力的单位。**

大气压听起来似乎比温度更难以理解，从大气压的发现历史来看，也的确是这样。从动物、植物到微生物，不论是低等生物还是人类，可以说，每个生物从诞生开始就都必须理解温度的概念。自然界的复杂进化过程让在地面生存的生物不得不认识太阳代表温暖，黑夜代表寒冷，春、夏、秋、冬是季节的变化，更是温度的变化。海洋深处的生物几乎没有视觉，却能感受到海底温泉的温度。而即使是最具智慧的人类，对大气压的理解也只有几百年的历史，直到 1640 年埃万杰利斯塔·托里拆利才通过水银气压计测量出大气压。

早期，尽管人们已经懂得使用抽水机将煤矿中的水抽到地面，但使用者并不知道是大气压将水送达地面的。虽然使用亚里士多德的"自然界害怕真空"理论，解释众多与气体压强有关的物理现象，既通俗易懂又有效，但很不幸是错误的。当水泵的抽水高度超过 10m 时，真空就已经无法被"消灭"。当亚里士多德的理论已经超出它所能解释的问题边界时，就必须采用新的理论。

▲ 从表面上看，压力比温度更难以理解，但事实上，压力的概念很容易定义

　　尽管气压的概念看上去不容易理解和掌握，但气压却很容易直接测量。大气压就是大气对单位面积的作用力。只要掌握测量力的方法，就掌握了气压的测量方法，而力是最容易测量的物理量之一。

　　大气压受季节、海拔、气候、空气密度、空气湿度等诸多因素的影响，且不断发生变化。最初的一个标准大气压是这样规定的：把**温度为 0℃、纬度在 45 度海平面上的气压称为 1 个大气压**，相当于 101325Pa（760 毫米汞柱）。但这一定义并不科学，如果定义标准大气压需要使用 0℃，而定义 0℃ 需要使用标准大气压，那将陷入无意义的循环定义。下鸡蛋的动物是鸡；鸡下的蛋称为鸡蛋。这里说的"0℃，纬度45 度，海平面"并无实际意义。也不会有人到这个环境重新进行标准大气压的测量，而且在这样的环境下所测量出的大气压力并不是一个恒定不变的量。与其说是某某纬度某某海拔下的大气压力是 1 标准大气压，倒不如说只是一种纪念托里拆利首次测量大气压实验的情怀，将其称为"1 托里拆利"可能更贴切。而"1 托里拆利"应该等于 101325 帕斯卡。

　　用人名的简称作为单位是物理学的惯例，托里拆利同时代与压强联系更为紧密的另一个人——帕斯卡，就幸运得多，压强的基本单位就是以这位法国著名的数学家、科学家和文学家的名字命名的。尽管英年早逝，但他在压强领域仍做出了卓越贡献。他是第一个从数学上证明密闭液体内任意一点的压强变化都会传递到其他位置的人。帕斯卡的发现是现代水压机设计的基础，为压强的测量提供了基本的理论依据。

可以被忽略的压力

大气压力的变化会对绝大多数物质的熔点产生影响，但这一影响相当微弱。大多数物质随着压力升高，熔点会随之升高。只有少数物质如水、铋、镓、锗等，压力升高，熔点降低。一般每增加 1 标准大气压，冰的熔点大约降低 0.0075℃。如此小的温度波动，使用摄尔修斯的温度计根本无法测量出来。

实际上，由于大多数物质在压力变化时熔点只发生微弱的变化，因此在实际应用中不必精确控制压力，就能利用熔点 / 凝固点不变的特性，得到恒定的温度，使用方便。在当前采用的 1990 国际实用温度标准（ITS-90）中，将镓（Ga）、铟（In）、锡（Sn）、锌（Zn）、铝（Al）、银（Ag）、金（Au）、铜（Cu）的熔点 / 凝固点作为温度标准。（为提高温标精度，水的融点已经被三相点所取代，而水的沸点由于难以准确获取，已经不再使用。）

从表 1.1 中可以看到，大多数物质凝固点随压力的变化都很微弱，压力变化 1 标准大气压（约为 0.1MPa），凝固点实际只会变化千分之几。这样微小的变化似乎可以忽略不计，但实际上，这一微小的变化不仅影响着我们的生活，还会影响整个地球的地貌。

表 1.1　ITS-90 中部分物质的熔点 / 凝固点

物质	温度 /℃	熔点随压力变化 /（℃ /MPa）	状态
镓	29.7646	−0.02	熔点
铟	156.5985	0.049	凝固点
锡	231.928	0.033	凝固点
锌	419.527	0.043	凝固点
铝	660.323	0.07	凝固点
银	961.78	0.06	凝固点
金	1064.18	0.061	凝固点
铜	1084.62	0.033	凝固点

一直以来，人们就知道冰雪的摩擦阻力很小，滑冰、滑雪、雪橇等一直是受人们喜爱的冬季运动。冰雪运动是速度与技巧的完美结合，想要保持在冰雪中高速滑行就必须想办法降低滑行过程中的摩擦阻力。冰雪运动的实践让人们发现，冰雪融化所产生的水膜是降低摩擦力的主要原因。与其说运动员在滑冰，不如说是在"冲浪"。融化形成的水膜使雪橇、冰刀等悬浮在水膜之上，避免了固体之间的直接接触。这里的水膜就像轴承接触点之间的润滑油。

冰刀是应用这一原理的典型案例。滑冰运动采用的冰刀刀刃非常薄，特别是速度滑冰选手使用的刀刃更薄。锋利的刀刃可显著提高冰刀接触面的压强，瞬间的高压使冰的融点降低，冰刀与冰面的接触位置更容易熔化，大大降低冰面的摩擦力。在冰壶比赛中，运动员会拿着一个像拖把一样的工具使劲摩擦冰面，让冰面升温融化，以降低摩擦阻力，提高冰壶的运行速度。

▲　滑雪板的压力会使冰雪融化，产生的水膜起到润滑作用，使运动员高速滑行。冰面水膜的成因，与晶体表面结构相关，这一问题的研究十分复杂，尚无明确结论

冰川应该算作地球上最为巨大的"滑行者"。冰川滑行过程中所留下的冰川地貌作为高海拔地区的常见地貌，一直影响着我们的世界。在高海拔地区，由于积雪厚度不断增加，所以积雪在压力下逐渐形成冰，这就是冰川。虽然从表面上看冰川很

安静，但冰川底部却"暗流涌动"。厚厚的冰雪在底部产生巨大的压力，会降低冰川底部冰雪的融点。当冰雪底部融点低于环境温度时，就会融化。在重力作用下，巨大的冰山像踩着雪橇一样，向下移动，冰就像流水一样在从高向低"流动"，因此得名冰川。在冰川不断的、缓慢的作用下，就会形成冰川侵蚀地貌。冰川侵蚀地貌是地球地貌的重要组成部分之一，大多都是美丽的旅游胜地。

为什么需要纯净水

人们早就发现，水中溶解盐分后，凝固温度会下降。在自然界中，海水不像淡水那样容易结冰。通过在积雪的路面上撒盐可以达到让积雪融化的目的。

解释盐度降低凝固温度的现象在逻辑上稍微有些复杂，这一现象称为依数性。一般认为水溶液是混合物，并非纯净物，其凝固温度变化并不能用纯净物凝固的理论解释。当溶解发生后，液体沸腾温度升高，同时凝固温度降低。从蒸汽压力平衡的角度来看，当温度高于某一温度时，溶液中的水和冰就会加速蒸发到空气中；而当温度低于某一温度时，空气中的水蒸气就会直接凝结为冰或水。水蒸发为水蒸气的过程会吸收热量，加速结冰；而水蒸气凝结为水的过程会放出热量，加速溶液中冰的融化。在溶液的冰—水—水蒸气的复杂循环中，存在一个温度平衡点，在这一点，水蒸气的蒸发与凝结达到平衡，而水中盐分浓度的变化会打破这一平衡。当盐分增加时，水难以蒸发，也就是空气中的水蒸气会更多地转化为水，而水蒸气转化为水以后放热，会加速冰的融化，同时冰也会加速转化为水蒸气以补充空气中缺失的水蒸气。经过这样一个听起来绕圈圈的过程后，溶液中的水逐渐增加，而冰逐渐减少。当这一过程再次达到平衡时，即水溶液的凝固温度。因此，尽管盐不会凝结，但盐分增加会降低水的凝固点。

盐分降低溶液凝固温度还存在另一种微观上的解释，这个解释涉及复杂的化学键、熵变等概念，理解上较为困难。作为这一问题不太严谨的通俗解释，认为水中的盐离子会破坏冰晶体的牢固性，浓度越高，破坏性也就越高。盐水在凝结过程中会析出盐分，析出盐分的过程需要消耗更多的能量。在这些理论支撑下，如果已知分子键能量、分子量等，可以通过统计力学计算出不同盐分浓度时水的凝固点，但计算过程显然极其复杂，也很难确保计算结果与实验测量完全一致。

▲ 盐分降低水的凝固温度存在两种不同的解释：宏观解释关注于盐分导致水的融点和沸点变化；微观解释关注于盐分子对水晶体结构的破坏作用。两种解释的差异是看问题的角度不同所造成的

　　上述两种解释代表了宏观热力学与统计热力学对同一现象的不同解释视角。宏观热力学更倾向于利用已经观察到的如溶解、汽化、吸热、放热等基本宏观物理规律解释更为复杂的物理现象。这些宏观物理规律大多来源于观察，缺乏对物理规律深层次原因的解释。但单纯对现象进行描述，不进行解释，只是素材堆积，并不是严格意义的科学，科学总倾向于对现象进行解释。

　　同样是解释"苹果为什么会落地"，达尔文主义者会解释为：不落地的苹果无法繁殖后代，会被自然所淘汰，因此成熟的苹果种子必须落地。这种解释存在逻辑缺陷，并不是所有植物都需要靠种子成熟后落地繁殖后代，果实被其他动物吞食后排泄也是重要的繁殖手段。达尔文式解释常常会变成对"适者生存"原则的同义语反复，"只有能适应环境的生物才能生存，苹果存在，所以苹果的所有特点都适应环境"。逃脱这种同义语反复的可能路径是去微观寻找答案，找到诱导苹果成熟的激素，寻找这些激素的作用机理和分泌这些激素的基因依据。但这种研究路径真的会成功吗？

　　牛顿主义者将苹果落地解释为：因为万有引力存在，所以苹果才会落地，牛顿因此建立了现代力学体系。但牛顿的解释并没有逃脱同义语反复，牛顿并没有试图解释万有引力产生的原因，这也是牛顿能够获得成功的原因。现代科学至今也没能完成回答万有引力成因的工作，或许这一工作永远也无法完成，牛顿没有将精力浪费在无法完成的解释工作中。

▲ 对同样的自然现象，采用不同的视角，所得出的解释完全不同。纯为解释而解释并不会产生新的知识

　　而如果无法解释万有引力的成因，那么牛顿对苹果落地的解释就会庸俗为：由于苹果受到的合力不为零时会改变运动状态，因此苹果改变运动状态必然是因为它所受的合力不为零。哦，你说你没有看到苹果受到什么力？它一定受力了，苹果落地就是苹果受力的直接证据。因为苹果会落地，所以它受到万有引力的作用；因为苹果受到万有引力的作用，所以它会落地。与其说牛顿发现了万有引力，不如说牛顿给出了量化研究引力问题的方法。

　　找到"引力子"，从更基础维度对引力成因进行解释，似乎是跳出同义语反复的好办法。但"引力子"至今仍未找到，即使找到，是否还会掉入另一个同义语反复的圈套中，也是未知的。

　　正如寻找"引力子"，到更微观维度进行解释，是科学研究试图跳出同义语反复的通用方式。解释汽化过程与吸热之间的联系，凝结过程为何一定会放热，这些问题远比想象的要复杂，要想找到比这些基本规律更为基础的规律，就不得不借助于微观的统计热力学理论。统计热力学的本质就是还原主义，将物质看作由很多细微结构组成的整体，细微结构遵循基本的力学规律，通过对力学规律的计算，就可以推导出宏观所表现出的物理学规律。液体凝固过程可以解释为分子被排列为高度有序的晶体结构的过程。当分子被固定在理想晶体位置后，可以处于相对低的能量状态。

使用还原论显而易见的好处在于虽然人类所观察的科学现象越来越多，但用来解决科学现象的理论却可以越来越少，几个基本物理方程就能解释和预测所有现象。还原论的解释看上去更为基础，但依赖大量的假设。假设的正确性直接影响对现象解释的精确性。用还原论解释固体物理远比想象得复杂，即使仅仅解释晶体内最简单的能量传递问题都极为复杂。解释晶体的导热、导电、声音传递、对光的反射和折射等，需要借助"声子"，而声子完全是为了解释这些现象人为创造出的量子化概念，并不像原子或者电子那样是真实存在的。很多时候，假设还会因为解释效果欠佳而在一些场合不能使用，例如能量均分定理无法解释黑体辐射和低温状态。在实际应用中会经常发现，还原主义并不总是正确。用还原主义预测物质性质更像是一种设计复杂的"占星术"，足以解释现在已经发生的大多数现象。一旦发现预测结果错误，就将原因归结为某些未能观测到的因素干扰了正确的预测。

在这里，请不要误解为作者将统计热力学等同于占星术，是在否定统计热力学，或将占星术等同于科学。是否具有科学性，最重要的判据并不是正确性，而是给出清晰的逻辑联系。或许天气预报并不准确，但预报技术的逻辑是清晰的。如果某人声称将要发生地震，而恰好地震发生了，并不能因此就相信他具有预测地震的能力，因为他没有给出让人信服的预测逻辑。占星术或许能够准确预测，但用天人感应一类的解释无助于让人在逻辑上相信。尽管魏格纳的大陆漂移学说最终证明是正确的，但由于在他所处的时代无法给出大陆漂移的动力源，逻辑上不够清晰，所以不能被归结为科学。

不纯净的纯净水

既然盐度对水的凝固点会产生巨大影响，那么在标定 0℃时最好使用纯净水。但真的有纯净水存在么？自然界中是否存在纯净物，这既是科学概念，又是工程技术概念。

在科学中，为了分析问题方便，常常认为纯净物在理想状态是存在的，如果没有这种将问题简化的方法，化学方程式简直无法书写。想想看，如果你看到这样一个方程会是什么感觉？

$2H_2$（其中主要成分为 H_2，同时含有少量的 N_2、CO_2 以及若干不明成分的杂质）+ O_2（其中主要成分为 O_2，同时含有少量的 Ar、N_2 以及若干不明成分的杂质）= $2H_2O+X$（X 代表不明反应物中所含的杂质，可能含有少量的 H_2、O_2、N_2、CO_2、Ar、NO、NO_2 以及若干不明成分的杂质）

在科学上，如果研究问题都这样"精确"表达，将无法解决任何问题。因此，为研究问题方便，只关注理想的纯净物，只有当杂质存在会对结果产生显著影响时，才予以考虑。从工程技术角度来看，理论上随着技术的进步，可以将物质的纯度逐步提高，但同时带来的是成本成几何级数的提升。以水的提纯为例，自来水、饮用蒸馏水、医用蒸馏水的纯度差异决定了价格的差异。物质纯度的提高必然以金钱为代价。但以当前人类掌握的技术水平，不可能制造出一瓶真正意义上的纯净水，也没有能够测试真正纯净水的仪器。那么，对于不存在的纯净水，如何测量纯水的凝固点呢？

先来做这样一个题目。

在 1kg 左右的大豆种子里，不小心混入了 10 粒绿豆种子，根本无法把绿豆种子完全挑出来，可是较真的我就想知道这些大豆种子到底有多重？因此我是这样做的。

第一步，把混有 10 粒绿豆的种子放到精密的天平中称重，测得重量为 1.000010kg。

第二步，努力从这堆种子中挑出 1 粒绿豆种子，把还混有 9 粒绿豆的种子再放到天平中称重，测得重量 1.000009kg。

如果假设每粒绿豆的重量都相等，那么通过上面的两步测量我推测纯净大豆的重量为 1.000000kg。

上面的例子是否给了你一定的启发呢？是的，科学家们正是用类似的方法测量纯净水的凝固点。

第一步，测量出经过提纯后，盐度为 X_2 纯净水的凝固点 T_2。

第二步，进一步提纯，使盐度变为 X_1，测量这一纯净水的凝固点 T_1。

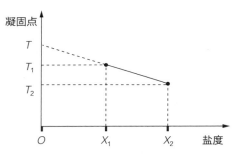

▲ 尽管永远无法获得盐度为零的纯净水，但可以通过测量不同盐度水的凝固点，近似估算出纯净水的凝固点

假设盐度对凝固点的影响规律保持不变，通过上面的测量可以计算出纯净水的凝固点。当测试方法确定后，含盐量对凝固点的影响是否保持同样规律已经不再重要，纯净水在缺少凝结核时并不能凝结，这样一个重要事实也可以忽略。与其说在测量纯净水的凝固温度，倒不如说是在测量盐度对水凝固温度的影响趋势。

百思不得其解的冰水混合物

提到冰水混合物，我首先想到的是初中老师一本正经地讲"冰水混合物不是混合物"，课堂下面一片哄堂大笑。这类文字游戏式的考点无助于同学们喜欢上科学或者学到真正有意义的知识，更像是绕口令或是脑筋急转弯。冰水混合物并非严格的科学用语，而且完全有悖于日常生活的语言理解。这样一个既不具有学术意义又不符合生活语言习惯，同时也是错误的概念为何还持续保留在基础教育的课本中，让人百思不得其解。

在严格的学术用语中，早就没有冰水混合物这一概念，取而代之的是凝固点。在日常对语言的理解中，冰水混合物应该就是讲冰与水混合所形成的物质，就像我们在可乐中加冰那样，但这样的混合物并不能满足实际精确测量的需求。

由于相变过程需要伴随相对长时间的吸热或者放热过程，无法一瞬间完成，所以在这两个过程中都会保持温度不变，这也是大多数相变过程最显著的特点。利用相变过程中物质温度保持不变的特性，相变点也是常用的标定温度的方法。

如果基于上面的理论，冰水混合物的概念似乎就容易理解了。当冰与水充分混合后，在稳定状态，似乎水与冰的温度都应该是相变温度，在 1 标准大气压下，我们定义这时的温度为 0℃。如果环境温度高于 0℃，冰水混合物虽然会从环境吸热，但吸入的热量会被冰的融化过程所吸收；相反地，如果环境温度低于 0℃，冰水混合物虽然会向环境放热，但失去的热量会被水的凝固过程所补充。在相对长的时间内，冰水混合物的温度会保持恒定，足以完成温度的测量过程。但真的是这样吗？

要想达到上述温度平衡过程，就需要冰与水充分混合，只有这样才能让冰和水的温度随着环境变化快速达到温度平衡状态。但冰和水存在很大的密度差，这使得两者难以充分混合。

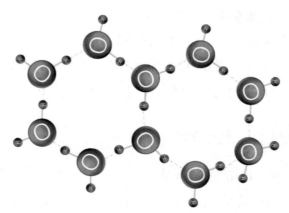

▲ 由于氢原子过小，单个氢原子只能被两个氧原子所吸引，这使得冰晶体成为独特的松散结构，由于在融化状态中间形成的空隙会消失，因此水密度更大

观察冬天的湖面就会发现，虽然湖面上凝结了厚厚的一层冰，湖底的鱼却并没有被冻死。这是因为当温度低于 4℃ 时，水表现出温度越低密度越低的性质，而当水

凝固为冰后，密度会突然降低 10%。水分子中的氢键是导致冰的密度低于水的原因。虽然氢原子失去电子后会与大原子表面发生相互吸引作用，但由于氢原子过小，一个氢原子最多能被两个负离子所吸引，所以水可以形成特有的疏松晶体结构。观察具有复杂分型结构的六瓣雪花就能更容易理解冰低密度的成因。

也就是说，冰的密度远小于水的。在冰水混合物中，冰永远在水上漂浮着，无法与水均匀混合。而在 0~4℃范围内，水的密度会随着温度升高而降低。即使我们制造出均匀混合的冰水混合物，随着时间的推移，混合物中冷的水逐渐向上移动，而温度相对高的水向下沉，最终冰水混合物达到平衡的状态就像长期冰冻的湖泊一样，湖底温度为 4℃，湖面温度为 –20℃，只有冰水交界的薄薄一层的理论温度才是 0℃。在 4℃下，鱼体内的液体不会结冻，也不会发生因结冻导致盐析出、体液浓度变化等复杂的生物过程。这就是耐寒的鱼类仍然可以在冰面下存活的原因。在地球历史上最寒冷的时代，据估计海洋冰面厚度达到 1000m，而正是水的这种性质使得海洋深处的生物得以保全，延续了地球生命的种子。

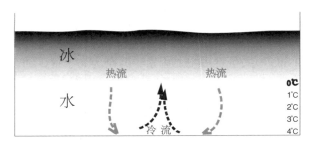

▲　冬天的湖水，尽管表面结冰，但 4℃水的密度更高，这使得湖底的温度高于湖面的

由于冰水混合物的温度并不均匀，很难获得冰水混合物中温度稳定的点，因此并不适于作为温标。冰水混合物的概念既不科学又不通俗，似乎唯一的作用就是用来讲"冰水混合物不是混合物"的绕口令。

凝固与结晶

截至目前，所有的讨论都围绕着水和冰的相变，但冰并不是唯一的固体。大多数固体并没有固定的熔点，沥青、橡胶、塑料、玻璃、水泥、石子、木材等我们常见的固体都没有固定的熔点，当温度升高后它们会慢慢变软，最终变成液体或在变成液体前已经分解。

只有晶体才存在固定的熔点，而晶体成因复杂多样。理论上，晶体就是分子或原子组成的、规则有序结构的状态。微观粒子间的相互作用使得晶体中的粒子被固定在相对稳定的位置。一般来说，晶体是纯净物，但并不是必须的。最直接的反例就是合金。一种金属中混入其他金属或非金属元素后会形成合金晶体，相比于纯净的金属晶体，合金晶体常常具有更优秀的力学性能。

晶体种类的复杂多样在于微观粒子组成有序结构的方式多样。由于共价晶体的链接由化学键组成，因此也最为坚固，碳晶体、硅晶体和锗晶体都是典型的共价晶体。碳晶体就是金刚石，而硅晶体是半导体的重要组成。碳、硅、锗的最大一致性在于他们原子最外层都缺少 4 个电子，都可以组成稳定的四面体结构。这种结构的原子间作用力最强，是最稳定的晶体结构，具有极强的硬度和很高的熔点。

当物质由正负离子组成时，他们会形成离子晶体。食盐是典型的离子晶体，由 Na^+ 和 Cl^- 连接在一起组成正方体晶体结构。化学键是连接正负离子的主要因素，其强度要比共价键弱。但共价键与离子键并不存在严格的界限，在很多二元晶体中两种键都存在，例如 SiC 中共价键占主要因素，其余为离子键，约占 18%，这也使得 SiC 具有高硬度、高熔点。

在金属晶体中，原子以金属键的形式结合，多余的电子成为所有金属原子的共用电子，这种结合形成的晶体具有很好的导电和导热性质，具有可塑性和强度。由于金属晶体具有很强的相互作用力，因此大多数熔点较离子晶体的高。但汞是特例，特殊的电子层结构使汞在常温下仍保持液态。

惰性气体无法形成化学键，相互作用也最弱，只能依靠微弱的原子间范德瓦尔斯力结合在一起。由于惰性原子间的相互作用特别微弱，所以惰性原子的熔点极低。对于 He 来说，甚至在常压下无法凝固，因为不论温度有多低，原子间相互作用的力量都低于原子自由能，这使其无法凝固在一起。只有在相当高的压力下（25 个大气压），才能获得固态 He。

获取晶体的过程

通过对 0℃ 概念的理解，我们发现，经过 200 多年，当年看上去确信无疑的水的凝固点概念发生了如此大的改变，大量陈旧的概念正随着人类认识的进步而被"消融"，简单的熔化蕴含了这样多有待发现和探索的知识。

人类对固体熔化的认识远比想象得悠久。博物馆中陈列着的大量精美的青铜器是人类真正掌握金属工具的开始，也是人类文明的开端。加工青铜器所采用的工艺称为铸造，这一工艺距今已经有 3000 多年的历史。

铸造工艺虽然历史悠久，但仍具有活力，在现代金属加工工艺中，铸造是最基础、最核心的技术之一。金属虽然具有优越的机械性能，但过于坚硬。利用金属加热转变为液体的原理，将液体金属浇铸到与零件形状相适应的铸造空腔中，待其冷却凝固后，就可获得所需的零件毛坯或成品。铸造工艺可以生产各种形状复杂的零件，在加工过程中，原料基本没有损耗，适用于批量生产。对于航空发动机涡轮叶片等特种铸造工艺，全世界只有屈指可数的企业掌握了相应的工艺。

在高端铸造工艺中，结晶是最为重要的工艺过程。当物质成为晶体后，对称结构使得其具有更高的稳定性。虽然结晶固体具有长程有序性，但普通结晶过程只能在微米级显示有序排列结构。实际上，晶体由无数个晶胞组成，晶胞与晶胞之间存在晶界，而晶界是固体相对脆弱的地方。晶界间原子连接力较小，且由于表面效应容易受到腐蚀。

在金属铸造过程中，通过工艺流程控制使零件微观组织尽量排列成规则的晶体结构，可以有效提高部件的强度，避免出现缺陷，进而增加零件的强度和寿命。航空发动机使用的单晶叶片就是用这种技术加工出来的。单晶结构制备的主要困难在于相变过程本身是非连续过程。可以自由流动的液体由于瞬间温度流失而失去运动能力，对这一过程的控制缺少完善的模型，需要丰富的工程经验。当前制备工艺可归结为以下过程：①确定好晶粒方向的籽晶；②通过强制加热和强制冷却技术制造温度梯度；③精确地控制温度变化速度；④使金属晶体像植物生长一样，由籽晶逐渐冷却形成所需的零件。

3D 打印技术是一种利用金属相变的新型加工工艺。先将金属原料加工成极其细微的粉末，并把金属粉末逐层均匀地铺在工作台上。之后打印机通过激光或电子束等高能射线有选择性地融化金属粉末。金属粉末在从熔化到重新凝固的过程中被黏合在一起。通过金属粉末的逐层熔化和再凝固，最终就形成了零件。3D打印技术很可能代表了未来材料加工领域的重要方向，但现有的3D打印技术尚无法获得高质量的晶体结构，仍有较大的技术进步空间。

规则排列与不规则排列

对于金属晶体来说，规范有序的晶体排列并不意味着最好的性能。因为有序性更高的纯晶体延展性过好，简单地说就是纯金属过软。在纯金属中，按比例加入其他元素，会使原有有序的晶体结构发生位错，位错后的晶体结构通常会具有更高的硬度和抗剪切位移能力。例如，纯铁具有很好的延展性，掺入一定比例的碳元素后就会形成坚硬的钢。事实上，纯金属在工业中很少应用，大多数具有实际应用价值的金属都是以合金形式存在。

由于在硅晶体中掺入特定的杂质可以产生特定的性质，因此可通过加入杂质改变半导体的性质。例如，掺混不同元素后组成的二极管就会具有单向导电的性能，特殊的二极管还具有光伏特性，可做成太阳能电池。通过使用特定的杂质成分，二极管还可以具有发光特性。随着红、黄、蓝三色发光二极管的发明，发光二极管已成为最节能和耐久的照明手段，并逐渐替代传统照明技术。

凝固后，不规则结构的极端情况是非晶体状态，玻璃就是典型的非晶体。玻璃在接近凝固状态时，黏度非常大，液体分子在充分流动形成晶体前就已经凝固。由于玻璃分子没能处于理论低能量的晶体状态，所以理论上玻璃分子仍会缓慢运动，最终形成稳定的晶体状态，但这一过程将历时上百亿年。晶体具有方向性，有各向异性的特点，而非晶体几乎各向同性。利用快速冷却工艺，让金属在还未形成晶体前就完成凝固过程，可以生产出"金属玻璃"材料。这种非晶体金属的各向同性，很容易被磁化，也容易退磁，是理想的变压器材料。

0 度是什么

读到这里，读者应该发现，"0 度是什么"这一问题的答案本身并不重要。0 度只是科学家为方便研究而规定的一个标准。摄尔修斯选择以冰水混合物的温度作为 0 度的定义是为了研究方便。同样地，现代科学家不再采用这一定义也是为了方便。实用主义哲学原则始终贯穿在整个热力学的发展过程中。

第 2 章　100 度是什么

历史上第一位真正意义的哲学家泰勒斯说："万物起源于水"。中国哲学家老子说："上善若水"。正如人类对熔化这一热力学现象的认识让人类掌握了青铜器，从而进入农耕社会；人类对水蒸气的认识让人类掌握了蒸汽机，从而开启了工业革命。

蒸和煮是人类最原始的烹饪手段，一直延用至今。蒸和煮的最大优势就是可以相对稳定地保持食物的加工温度，不必担心温度过高而导致食物烧焦或加热温度不足而导致食物不熟。在蒸和煮的过程中，"水的沸点"保持不变，是厨房中最稳定和方便使用的"温度计"。

在安德斯·摄尔修斯的温标中，将 1 标准大气压下，纯水的沸点定义为 100℃。

水的沸点并不适合作为温标

热力学作为一门强调实用性的学科，其定义与规范最终都会向实用主义哲学让步和妥协。从实用角度来看，水的沸点并不适合作为温标。当标定 0℃时，我们使用水的凝固点，尽管水的凝固点会受到气压的影响，但影响非常微弱。而水的沸点却对环境压力变化极其敏感。

在 300 多年以前，法国物理学家丹尼斯·帕平艰难地翻越阿尔卑斯山。在那个年代，他无法携带压缩饼干或巧克力，一路上只能以煮土豆为食。不幸的是，他发现在高山上，尽管水沸腾了很久，土豆依然是生的，饥饿的他只能食用没熟的土豆充饥。显然，是某种原因使得"水的沸点"这一厨房"温度计"失效了，而"温度计"失效的原因正是大气压的变化。

表 2.1 列出了海拔高度与大气压力和水沸点的关系。需要注意的是，在 1 标准大气压下水的沸点并不是严格的 100℃，其原因后面章节会提及。真正影响水沸点的不是海拔变化，而是气压变化。气压与水沸点的关系表格还称为饱和水蒸气表，从中我们可以理解一个新的概念——饱和状态。**在一定压力和温度下，气、液两相处于动态平衡时的状态称为饱和状态。**定义中的"一定压力"称为饱和压力，"一定温度"称为饱和温度。饱和压力与饱和温度具有固定的对应关系，也就是表 2.1 中的压力和温度。很显然，饱和压力越高，对应的饱和温度也越高；反之，饱和压力越低，对应的饱和温度也越低。

表 2.1　海拔高度与大气压力和水沸点的关系

海拔高度 /m	大气压力 /atm*	水的沸点 /℃
0	1	99.974
1000	0.887	96.71
2000	0.785	93.51
3000	0.692	89.96
4000	0.608	86.61
5000	0.533	83.26

*　1atm=101325Pa。

阿尔卑斯山的平均海拔为 3000 多米，最高的勃朗峰有 4807 米。在这里，水的沸点不到 90℃，而淀粉糊化温度基本是固定的，难怪帕平的土豆难以煮熟。既然压力低，水的沸点会降低，食物不容易煮熟，那么相反地，如果提高压力，水的沸点将会增加，食物煮熟的会更快。在阿尔卑斯山上的痛苦经历促使帕平随后发明了高压锅。高压锅通过加热提高锅内的压力，进而使水的沸点提高，大大节省了烹饪所需的时间。

由于水的沸点受环境压力的影响很大，因此要标定水的准确沸点，就必须严格控制环境压力。而水在沸腾过程中会不断地向空气输送水蒸气和热量，在这样的条件下获得稳定的大气压力几乎是不可能的，因此水的沸点不适合作为温标。在新标定的温标中已经不再采用水的沸点。根据新的温标，测得水在 1 标准大气压下的沸点为 99.974℃。100℃既然不再作为温标出现，就可以说，完美的 100℃ 已经失去了实际的物理意义。

▲ 水的沸点受环境压力影响明显，很难控制环境压力以精确测定水的沸点。在现行采用的温标中，已经不再使用水的沸点。根据新的温标，测得水在 1 标准大气压下的沸点为 99.974℃

水与水蒸气的体积差

记得在小学时读过一本励志主题的课外书，内容相当于现在的"鸡汤文"。这本书中有一个小故事，讲到著名的发明家詹姆斯·瓦特从小就善于观察和发现问题，在家里烧水的时候，他发现水烧开以后水蒸气会弹开壶盖，于是长大后他就发明了蒸汽机。

我也是长大后才意识到，一定是段子手杜撰了瓦特烧水的故事。在历史上，瓦特不是蒸汽机的发明者，而是蒸汽机的改良者。确实，在理论上，水与水蒸气的密度相差 1000 倍以上，但这不代表就可以直接利用这一特性做功。事实上，早期的蒸汽机根本不是利用水蒸发后体积膨胀做功；恰恰相反，利用的是蒸汽凝结成水体积下降的原理。

早期的蒸汽机将锅炉中的水蒸气引入汽缸后，将凉水喷洒到汽缸上，冷却水使汽缸中的蒸汽遇冷并迅速冷却凝结为水。上面已经提到，水的密度是水蒸气的 1000 多倍，也就是说，同样质量的水蒸气被凝结为水后，体积会迅速下降，因此会产生低压区域。活塞另一面的空气就会推动活塞做功。确保汽缸中的相对低气压是提高蒸汽机效率的关键。

瓦特的改良设计主要可以归纳为两点：设置单独的冷凝器用于产生真空，避免直接冷却汽缸造成热量损失；采用抽气泵维持汽缸内的真空。再加上瓦特使用炮膛加工工艺加工汽缸，提高汽缸的加工精度，可有效减少活塞与汽缸壁之间的漏气量。经过瓦特改良的蒸汽机性能大大提高，成为真正可以推广使用的产品。

瓦特的改良技术思路已经成为当前电站汽轮机中最重要的技术。在汽轮机中，必须通过冷凝器产生真空，增加做功量，并采用真空泵抽除混入的空气；而通过喷水冷却蒸汽的技术仍然是制造真空的主要技术，而且被升级为双曲线型的冷凝塔。

在火力发电被"妖魔化"的时代，有必要强调一下，高耸的冷凝塔冒出的"白烟"只是水蒸气，在发电厂中此类直径巨大的"烟囱"不会冒出水蒸气以外的东西。

低气压下水的饱和点

在汽缸内，通过冷却水蒸气可以制造低气压，那么如果将水蒸气完全冷却，是否可以制造出绝对真空呢？答案当然是否定的。亚里士多德断言自然界害怕真空的理论从某个角度看是正确的。尽管低温真空泵技术可以通过制造极低的温度将空气中的大多数气体液化，实现相当高的真空度，但无法达到绝对真空。理论上，当一个密闭容器内的气压过低时，其中的液体将会加速汽化，使真空压力上升，直到容器内的压力重新达到这一温度下的沸点。这一动态平衡的状态就是上面所说的"气、液两相处于动态平衡时的一种状态"。

这时，我们有必要重新思考托里拆利进行的大气压测量实验。在托里拆利的大气压测量实验中，玻璃管内由于汞蒸气的蒸发作用并不是真空，如果当时实验条件为 0℃，且水银纯度足够高，上面空腔对应的压力应为 1.85×10^{-4}mmHg（1mmHg 约为 133Pa，对应 1mm 水银柱压强），这一压力下汞的沸点为 0℃。很显然，在当时的实验条件下，这一压力可以忽略不计，没必要对托里拆利的实验吹毛求疵。

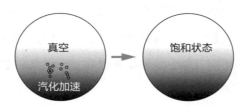

▲ 尽管可以通过低温真空泵制造真空，但由于沸点会随着压力降低而降低，实际上无论温度多低，也不可能制造出绝对真空

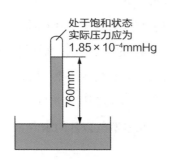

▲ 事实上，托里拆利实验无法通过水银获得真正的真空，但很小的误差并不会对实验结果产生明显影响

但有一种低压状态下的低温汽化现象不仅不能忽略不计，而且极大地危害到人类的生活，这种低压汽化是破坏水泵、水轮机、阀门、水下螺旋桨等设备的元凶，在工程上称为气蚀。在日常生活中所观察到的"水滴石穿"现象也主要是由气蚀所引起。

早期，人们发现螺旋桨在使用一段时间后，背面会被迅速腐蚀破坏，一般猜测这可能是由水中杂质腐蚀引起的。但著名流体力学专家雷诺已经在理论中预言了气蚀现象的存在，并被实验观测所证实。气蚀的主要成因是，当压力变化时，液体沸点也发生变化。一般来说，气蚀分为两个阶段：闪蒸和空化。

普通液体汽化过程压力基本保持不变，液体吸收热量后达到汽化点，逐渐沸腾汽化。由于吸热是长期连续的过程，因此这种沸腾过程相对稳定，最大的危害不过是把壶盖顶起来。而闪蒸是指液体温度基本保持不变，但压力突然下降，液体的沸点也随之降低，当液体温度远高于该压力下的沸点时，液体将迅速沸腾汽化。由于压力的降低可以在瞬间完成，因此这一汽化过程相当剧烈，称为闪蒸。

由于液体汽化体积膨胀，因此在流体发生闪蒸后将会产生大量气泡。如果在流体流动过程中，不仅存在低压区域，还存在高压区域，那么这些气泡流动到高压区域时，将会发生与闪蒸相反的过程。当压力超过这一温度下的饱和压力时，闪蒸产生的气泡会突然液化并发生破碎，液化后体积迅速缩小，周围的液体将射流到空泡中，补充液化后留下的空间。这一过程称为空化。

现在的研究观点一般认为，空化是气蚀发生的主要位置，当空化发生时，气泡破裂会在气泡破裂点产生数千兆帕的压力脉冲，以及局部数千摄氏度的高温点，同时还会产生高频噪声。一种叫作鼓虾的海底生物甚至可以利用空化噪声将其他动物震晕。当零部件长期工作在有冲击波的环境下，就会逐渐被破坏。因此，在水轮机、水泵、阀门等部件设计中，减少气蚀是第一位的。尽量使这些部件中的压力变化保持平稳，不出现局部的高低压突变是减少气蚀的关键。

▲　闪蒸和空化过程会交替发生在轮船螺旋桨附近，在空化过程中，气泡破裂就像一个个小炸弹，将螺旋桨腐蚀，这就是常见的气蚀现象

过热液体与过冷蒸汽

当液体达到沸点后，如果继续加热，液体并不一定马上沸腾，这需要一个导致液体沸腾的诱导因素，如果一直没有诱导因素出现，液体将暂时保持为液态，称为过热液体；相反地，当气体温度低于沸点时，如果没有一个凝结的诱导因素，物质将暂时保持为气态，称为过冷蒸汽。这两种状态都是不稳定的状态，一旦诱导因素出现，

将迅速发生相变。可以用考虑表面张力的开尔文公式大致解释这一现象。

对于过热液体来说，当内部某一位置发生了汽化现象，就将产生一个微小的气泡。由于气体的体积要远大于液体体积，汽化过程将伴随着压力的增高，所以早期形成的小气泡由于压力增加会趋向于液化，而不是继续汽化。类似地，对于过冷蒸汽来说，当某一位置发生液化现象时，液滴出现后，由于体积减小，压力降低，这时液滴更趋向于发生汽化而不是继续凝结成更大的水滴。

对这一现象，还可以从分子间作用力或表面张力的角度来解释。在液体中产生的小气泡由于受到表面张力作用而导致压力增加，因而不会继续膨胀而是趋于液化。而在过冷蒸汽中形成的小液滴表面的压力要比内部压力低，液滴表面的气体倾向于被汽化。

当过热液体内存在某一个使气泡增大的因素，如在液体中加入一片瓦片，情况将发生变化。瓦片可以使液体内小气泡持续增大，而表面张力的大小与气泡的大小成反比，因此随着气泡尺度增大，表面张力不断减小。当气泡尺度跨过某一个临界半径后，气泡将迅速膨胀破碎，液体也将开始沸腾。类似地，过冷蒸汽中存在凝结核使液滴不断产生并聚集，当液滴超过临界尺度时，液化也将发生。

在天空中，即使降水所需的温度和湿度条件已经满足，但没有凝结核，很可能并不会形成有效降水。人工降雨正是通过向云中发射碘化银等凝结核的方式，促使水滴尽快形成。

相变与高能物理实验

如果问最能代表一位高能物理实验专家身份与地位的是什么？答案很可能是他拥有多大的气泡室。气泡室作为最昂贵的实验设备之一，可以帮助高能物理学家直观地"看"到高能粒子的运行轨迹。

比气泡室出现更早的高能物理检测设备是云室。云室利用的是过冷蒸汽中出现凝结诱因后会迅速发生液化的原理。当高能粒子或者射线进入由过冷蒸汽组成的云室中时，会由于电离作用产生云雾。通过云室观测，就可以大致判断粒子的运动轨迹和速度。云室实验帮助物理学家发现了 μ 介子等高能粒子。

随着高能物理的发展，云室已经不能满足观测需求。主要原因是云室内气体密度太低，对于高速粒子来说，并不能产生足以观测的电离能力。为解决这一问题，唐纳德·格拉泽发明了气泡室，并因此获得诺贝尔物理学奖。气泡室利用的是过热液体汽化的性质。气泡室内的液体在一定温度下突然减压膨胀，这时容器内的压力低于该液体的饱和压力，液体处于过热状态。当高能粒子射入时，与云室类似，在其路径发生电离作用并引起过热液体沸腾。通过观察过热液体沸腾留下的气泡，就可以观测出粒子的运动轨迹。

▲ 据说，唐纳德·格拉泽在酒吧喝啤酒时，产生了设计气泡室的灵感。现在气泡室已经成为高能离子物理实验中的重要设备

高气压与瓦特的故事

对于研究火力发电设备的工程师来说，提高发电设备的蒸汽压力和温度，可显著提升发电设备的性能。在低蒸汽压力下，由于密度过低，因此其做功能力相对较弱。大量理论和工程经验已经证明，提高蒸汽的压力和温度意味着热机效率的提升。早期瓦特的蒸汽机效率仅为3%，而随着蒸汽压力和温度的提高，蒸汽机的效率最高可以达到20%。蒸汽压力的提升，不仅提高了蒸汽机效率，还减少了体积，使蒸汽机车和蒸汽轮船成为可能，人类因此真正进入了工业革命时代。

但这里我要讲的却是一个悲惨的故事，故事主角是特里维西克和瓦特。

为纪念瓦特在蒸汽机中所做的重要贡献，国际单位制中功率的单位以瓦特命名。瓦特作为能够享受这样殊荣的人物，其对人类技术的巨大推动作用可想而知。而故事的另一个主角特里维西克，作为蒸汽机领域的伟大发明家却籍籍无名。特里维西克的发明众多，但缺乏商业头脑，他似乎从未想过将其发明完善成为真正的产品。他是第一个将蒸汽机应用到机车上的人，但只是为了放到游乐场中卖票和展览。经历了无数次失败后，这位天才发明家在穷困潦倒中死去。

特里维西克成功研制了第一台高压蒸汽机，不幸的是，使用高压蒸汽与瓦特的发明理念完全不合。在瓦特看来，高压蒸汽意味着危险和爆炸，当然也意味着可能会侵犯瓦特的商业利益。于是，瓦特迅速行动起来，他到处宣传高压蒸汽机存在巨大的危险，甚至想通过立法禁止使用高压蒸汽机。恰好这时，一台特里维西克的高压蒸汽机发生了爆炸。尽管这次爆炸的原因是工人操作不当，但瓦特等通过报纸大肆宣传高压蒸汽机的危害，让特里维西克的名声极大受损。这一事故是导致特里维西克人生悲剧的重要因素。这一悲惨故事的"续集"是电气革命时代最伟大的发明家爱迪生诋毁特斯拉所发明的交流电。

如果读者对瓦特阻碍高压蒸汽机发明的指控心存疑虑，那么可以再了解一下瓦特公司忠实的工程师默多克的故事。默多克可以称为瓦特公司中最卓越的工程师，瓦特公司的很多专利实际上都出自默多克的创造。默多克曾为蒸汽机的改良设计提出了很多想法，出人意料的是，瓦特对此相当愤怒。瓦特的愤怒是否出于嫉妒很难判断。但另一个事实是，默多克在加入瓦特公司之前已经制造出一台蒸汽机车模型，并准备进行实验。瓦特和他的合伙人担心默多克会离开公司，成功劝说他放弃了蒸汽机车的研究。

好在那个时代，在学术共同体中，"学霸"们的权威并不是决定性的，瓦特最终没能阻挡高压蒸汽的发展潮流。但在当今社会，随着科研工作的复杂化，靠着个人单枪匹马自掏腰包的科研已几乎成为历史。为推动科技进步，各国政府都投入了大量的经费以用于科研工作，而这些科研经费的使用权，实际上掌握在科学共同体的"领袖"手中。初出茅庐的科研工作者要想获得经费资助，靠的往往是提出可以打动"领袖"们的"新思想"。这就是科研工作中的"热点"和"跟风"。但历史经验告诉我们，曾经的行业推动者，也可能是未来行业进步的阻碍者。

科学共同体尽管不愿意承认，但事实上，"科学社会学"一直在科学研究中存在，并影响或者说阻碍着科学的发展。从科学共同体的提法就可以看到科学家们的"野心"，他们试图将科学游离于公众社会，形成的所谓共同体更像是独立王国，不被监督。尽管科学共同体向来喜欢标榜学术中没有等级制度，倡导学术平等，完全遵守科学发展规律，科学社会学的最大危害通常表现为成名的"老"科学家对青年科学家研究事业的影响。想象一下，在今天的英国，如果年轻的博士毕业生特里维西克，希望申请一笔经费用于研究"高压蒸汽技术在蒸汽轮机中的应用"，他的申请书大概率会被提交到英国蒸汽机领域最权威的专家、英国皇家学会院士瓦特或他的学生手中审查。那么，他的资金申请获得批准的可能性有多大呢？为了经费获批，我想特里维西克提交的申请题目更可能是"基于高速成像技术的蒸汽轮机冷凝器内气液两相流复杂流动机理研究"。项目结题时，验收专家给出的评价可能是："他卓有成效地发现了冷凝器中相变过程的特点，并为冷凝器设计和改造提供了重要依据。"他发表了多篇论文，甚至写了一本名为《冷凝器内复杂流动原理》的专著。事实上，上面看似编造的科研题目正是各类基金资助项目中的常客，而各大学的学者们每天都在绞尽脑汁地想着怎样才能让研究题目吸引评委的注意。这与中世纪的僧侣们辩论"针尖上有几个天使"并无本质差异。

费耶尔阿本德对科学的批评和对科学无政府主义的倡导，让学术权威感到不舒服。在学术权威看来，只有他们认为正确的方向才是应该投入研究的方向，不应该把有限的科研资源用于他们认为无意义的研究事业。为使有限科研经费被高效使用，将科研经费提供给"青年人"为所欲为简直是在浪费。

有理由相信，学术权威大多并不像瓦特那样怀有私心，是真诚地为美好科学理想而做出这样的决定。少量科研人员垄断着研究资源，将可能推动科学进步的独立创新思想排除在外的现象，仍很普遍。

在聘用教职员工时，校长、系主任或招聘委员会更愿意接受那些入职后很快就可以获得大量基金资助，发表大量学术论文和成果的人。至于 20 年后，是否能取得创新性成果，谁会关心呢？

我立志要成为爱因斯坦那样的人！

你需要先拿到国家基金支持才能确保三年后不被辞退。

▲ 在聘用教职员工时，招聘委员会更愿意接受那些有潜力获得大量基金资助的学者。为短期获取经费支持，年轻学者更愿意追逐热点，不敢去挑战权威

尽管科学资助基金申请的审查者一直声称鼓励科学探索精神，但这往往只是美丽的口号。最终获得资助的项目仍被"无风险"的科学所主导，这是基金管理机构为维护自身"声誉"所采取的必然选择。毕竟，眼前的成果发表要比未来的创新更肉眼可见。

在研究机构用人选择倾向和科学资助倾向的双重诱导下，科研方向跟风和"近亲繁殖"成为主流。"科学共同体"的统治下现代科学研究在浪费掉大量科研经费的同时，也制造了大量毫无价值的科研成果，这才是我真正要讲的悲惨故事。

更高的压力，更高的温度

当今世界，只能在博物馆中看到各种蒸汽机了。活塞式蒸汽机无法在更高的压力和温度下工作，已经完全被汽轮机所取代，而汽轮机的温度和压力还在逐渐提高。

20世纪90年代，国产最先进的600MW发电机组首次投入运行，这台发电机组的锅炉内设计点主蒸汽压力是17.5MPa。这一压力已经达到亚临界锅炉的最高参数，但仍未达到极限。

前面已经讲过，气体的饱和温度随饱和压力的提高而提高。在饱和状态，液体变为气体需要吸收热量；相反地，气体变为液体需要放出热量。但饱和压力和饱和温度并不是无限增加的，超过某一温度和压力后，气体与液体的差异将消失，这时物质处于气液之间的某种状态，称为超临界状态。水的超临界压力为 22.115MPa，超临界温度为 374.15℃。

超临界流体兼具液体性质与气体性质。它基本上仍是一种气态，但又不同于一般气体，它的密度与液体接近，类似于一种稠密的气态。在超临界状态，流体具有很多特殊的性质，其密度、介电常数、黏度、扩散系数、热导率和溶解性等都会发生改变，对超临界气体的性质研究具有很强的工程实际意义，例如火力发电已经从亚临界时代发展为超临界时代（超超临界发电只是广告用语，并不存在超超临界这种物质状态）。在超临界工况下，火力发电机组效率显著提高。当前，最先进的火力发电机组效率已经达到 43%，蒸汽参数的提高让瓦特时代的蒸汽机彻底成为历史。

完整相变图

大多数纯净物都具有气体、液体和固体三种主要形态，以及当压力和温度均超过临界值时的超临界状态。在固态、液态和气态之间相互转变的过程称为相变。由固态变为液态称为熔化，从液态变为固态称为凝固；由气态变为液态称为液化，由液态变为气态称为蒸发。另外，还存在由固态直接变为气态的过程，称为升华；而从气态直接变为固态的过程称为凝华。

由于所有的相变过程都与温度和压力有直接关系，因此以温度和压力为横纵坐标，可以绘制出清晰的相图。在超临界条件以下的其他状态，固 – 液 – 气都存在明显的相变分界线，在分界线上，会存在明显的两相共存现象，如第 1 章讲到的冰水混合物和饱和状态。在相变图中存在一个特殊的点，这一点是固 – 液 – 气三相的分界点，称为三相点。

在三相点，固 – 液 – 气三态共存，对同一种物质来说，三相点对应唯一的温度和压力。由于三相点是唯一的平衡态，所以不必像测量凝固点那样，需要精确控制环境压力，可通过三相瓶获得三相点状态。三相瓶为密闭容器，可避免杂质混入，使三相点标定变得十分简单和便捷。使用三相点标定温度较饱和点或凝固点具有明显的优势，在国际温标中，除高温区域和极低温区域，大多数区域都使用三相点进行标定。其中水的三相点既是热力学温度的唯一基准点，又是国际温标中最基本、最重要的基准点。根据新的标准，水的三相点被规定为 0.01℃。这也就意味着在国际温标领域，0℃与100℃都不再作为温标给定，也就是说再也无法获得严格意义上的 0℃和100℃了。

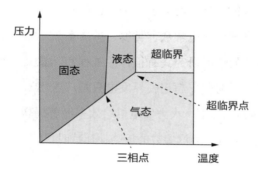

▲ 固－液－气三态共存的状态点称为三相点，三相点对应唯一的温度和压力

本章没能告诉读者 0 度是什么，也没能告诉读者 100 度是什么，但似乎又讲了很多。在这里，我将以一句经典的名言结束本章的讨论。

世界上存在着两种不同类型的无知：粗浅的无知存在于知识之前，博学的无知存在于知识之后。——米歇尔·德·蒙田

第 3 章　温度的测量

道可道，非常道，名可名，非常名。——老子

用手表上指针的位置代替时间，一切有关时间的困难似乎都可迎刃而解。——阿尔伯特·爱因斯坦

温度在物理学中被定义为反映物体冷热程度的物理量，这一定义看上去是那么直观又容易理解。在国际单位制中，规定了长度（米）、质量（千克）、时间（秒）、电流（安培）、热力学温度（开尔文）、物质的量（摩尔）和发光强度（坎德拉）七个基本物理量。其中，发光强度的概念依赖于人的视觉发育，大概在人出生一周后才能感受到光强度的变化。长度、质量、时间这三个概念依赖复杂的直觉，人类大概要两岁以后才能基本理解。电流和物质的量如果不接受现代科学教育就根本不会理解。唯独对温度概念的认识，人类在子宫中就已经开始了。新生儿刚刚离开妈妈温暖的子宫，因为温度的不适应会马上变得敏感而脆弱，而一旦回到妈妈温暖的怀抱就会马上变得安静，对温度的感觉是人体最基本的感觉，绝大多数人体组织都能感受到温度变化。

在日常生活中，温度的概念清晰明确，而在科学中给出温度的定义却相当困难。当你读到教科书上的定义"**温度是反映物体冷热程度的量**"的时候，你是否想过，你真的从这个定义中掌握了温度的意义么？这个定义本质上说的就是"温度是温度"，很显然同义语反复的定义方式毫无实际意义。

既然温度的定义非常困难，那么我们先来研究相对简单的问题——温度测量。但问题并没有想象得那么简单，至今也没有直接测量温度的手段，未来也不可能有。第 1 章和第 2 章已经讲到了用相变温度对温度进行定义的方法，但这只能定义有限的温度点，即使你知道什么是 0℃、1℃、2℃、……但除非给出新的定义，否则你永远不能知道 0.5℃是什么。这简直太让人崩溃了。

看来问题还是太难了，再简化一下，什么是温度相等呢？

被忽视的物理定律

如果 $A=C$，$B=C$，那么 $A=B$。相等在数学上是显而易见的，也是等号的基本定义。热力学第零定律正是应用了这一基本数学概念。热力学第零定律为：**"如果 A 系统和 B 系统都与 C 系统处于热平衡，那么 A 与 B 处于热平衡"**。如果将"系统热平衡"等价于"温度相等"，那么热力学第零定律其实描述的为："如果 A 系统温度 $=C$ 系统温度，B 系统温度 $=C$ 系统温度，那么 A 系统温度 $=B$ 系统温度。"

热力学第零定律直到 1931 年才被提出，过于显而易见使它容易被忽视。根据热力学第零定律，"系统热平衡"等价于"温度相等"，但这又需要定义一个新的概念"热平衡"。**如果两个物体热接触足够长时间以后，且两个物体的能量和温度都不随着时间变化，就称为热平衡。**

读到这里，善于思考的读者似乎又有无力和崩溃的感觉。怎么温度没有定义清楚，又弄出了"能量"的概念！

在希腊神话中，九头蛇海德拉的九个头每砍掉一个就会再长出一个，赫拉克勒斯把它的头用大石头压住才最终杀死九头蛇。而建立科学基本概念必须避免概念的无限纠缠，为了定义 A 概念不得不引入 B 概念，而为了定义 B 又不得不引入 C、D、E 概念。

想要定义"能量"确实很困难，问题留到第 8 章再解决。热力学第零定律通过显而易见的表述让温度测量成为可能。存在物体 B（我们称为温度计），随着温度变化产生可测量的物理性质变化，例如发生长度、压力、电阻等物理量的变化。如果将物体 B 与物体 A 接触，达到热平衡后，通过对物体 B 中物理量的测量，即可间接获得物体 A 的温度。物体 B 作为温度计可以与其他温度计进行对比和校准，这样就可以对所有温度进行确定的定义。

▲ 获得一个学科中某一概念的定义，通常会依赖对学科中其他概念的定义。只有定义全部概念，学科才能真正建立

水银温度计

人类是恒温动物，但人类对温度变化的感觉极其敏感。在皮肤表面的神经末梢中，温度感受器是一大类主要的感觉神经元，神经元将感受到的温度刺激转变为生物电信号，使人对温度做出反应。温度感受器的工作原理极其复杂，进化过程让自然界的生物都成为了一台精确的"温度计"。有经验的医生只需要摸摸患者的额头就能判断出患者体温是正常的 36.5℃还是发热的 38.5℃。但这台"温度计"无法给出读数，而且主观性太强。最重要的是，根本无法与被测物体达到热平衡状态。

热胀冷缩是最常见的物理现象，温度的变化会改变液体和固体的体积。最早利用热膨胀原理设计的温度计大概是伽利略完成的，据说他利用温度计发现人体的体温基本恒定。但可以肯定，伽利略的温度计并不好用。第一个真正实用的温度计是华伦海特设计的，他将盐水混合物的冰点定义为 0℉，将人的体温定义为 96℉。在温度计上分别标出 0℉和 96℉时水银所在的位置，再均匀分为 96 份，定义为 0℉到 96℉。这里所用的符号℉是华氏温度，这种温度使用习惯仍被美国等少数几个国家采用。摄尔修斯利用类似的方法定义了摄氏温度，他将冰水混合物的温度作为 0℃，将水的沸点作为 100℃（精确定义前面已经给出），并将水银温度计的刻度均匀分为 100 份，定义了摄氏温度。水银和酒精是常用的温度测量工质。这也是我们日常看到的温度计/体温计的一般原理（由于水银有毒，水银温度计正在逐渐被淘汰）。

利用热膨胀原理进行温度测量的最大缺陷在于测量过于依赖测量物质，不同物质的体积随温度变化规律存在着差异，也就是说，体积膨胀规律并不一致，在足够精度下就会发现这种差异。此类温度计的工作范围有限，温度计的玻璃膨胀系数会影响温度测量结果，这种原理设计的温度计测量精度不高，已经不再作为温度标定的方式。

"热胀冷缩"现象

"热胀冷缩"严格上说只是物质体积随温度变化的一种现象描述。对大多数物质来说，当温度升高时，体积会膨胀，但也存在一定的特例，如 0~4℃ 的水。

热膨胀除用于制作温度计，在工程中也有少量应用。据说古代人利用"火烧水激"的方法开凿隧道，原理就是被加热的石头突然遇冷收缩，由于温度不均匀而发生破坏。在现代工业中，过盈配合是常用的轴安装方式。在设计时，轴的外径较与之配合的孔的内径略大，称为过盈配合。在安装的时候，一般通过高温加热孔或者降温轴的方式将其装配在一起，恢复常温后，轴就会与孔紧密配合在一起。由于装配后轴与孔之间持续存在较大的弹性压力，因此这一方式可以保证良好的同轴性，并能承受一定的载荷。由于这一方式结构简单，因此广泛应用于轴承等紧固件的安装中。

但在绝大多数情况下，"热胀冷缩"对工程都是破坏性的，这是工程师们最头疼的现象。环境温度变化是不可避免的自然现象，在大型建筑物的设计中，如桥梁设计，如果不能巧妙地避免热胀冷缩所带来的破坏，随着季节的变化，建筑就会被破坏。另一个必须要斗争热胀冷缩现象的是铁路建设。在古老的铁路上，火车咣当咣当地走过是为了避免热胀冷缩，不得不在铁轨间留有缝隙，但对于高铁来说，必须采用无缝钢轨才能保证火车的高速平稳运行。由于铁轨没有缝隙，不得不与热胀冷缩现象斗争，所以工程师通过精确计算，确定铁轨在实际工作环境下产生的热应力大小，以设计足够牢固的扣件固定住铁轨。即使这样也要定期检修，避免轨道破坏。还可通过切掉应力过大的铁轨，避免疲劳破坏。

发动机设计也是一个需要与热应力作斗争的领域。在现代，发动机的工作温度甚至可达 2000℃，由停机状态的环境温度变到工作温度，发动机的尺寸会发生明显变化，而且发动机的温度是不均匀的。工程师在设计中，必须使高速工作的部件避免刮蹭，避免热应力破坏，另外，部件又不能留有过大的间隙使气体泄漏，效率降低。可以说，每一个部件在设计的时候，都要考虑是否会有热胀冷缩的破坏。1988 年 5 月，我国民航发生了一次严重事故，事后调查发现，事故仅仅是因为发动机设计中存在一个安装的死腔，死腔内气体不流通，当发动机工作时，气体膨胀、压力增加，停机后压力降低，周而复始，最后使得发动机爆炸。

事实上，即使设计一个玻璃杯都需要考虑热胀冷缩。劣质的杯子会在倒入热水后迅速炸裂，性能优异的杯子就不会。从这个角度看，热胀冷缩现象既是工程师的敌人，又给了工程师展示自己才能的机会，战胜热胀冷缩真的是一件很有乐趣的事情。

电阻温度计

大多数导电材料的电阻会随着温度的变化而变化。其中铂电阻温度计是最常用的温度计，由于铂电阻温度计的优异性能，其已经成为国际温标中常用温区（–260~1000℃）温度的标定方法。建立电阻与温度的对应关系，即可通过电阻测量获得温度。常用的热电阻温度计材料众多，有些随着温度降低电阻降低，有些随着温度降低电阻升高，但不论是哪类热电阻材料，都有其所实用的温度范围。

低温超导与高温超导

当温度足够低的时候，很多导体和非导体会发生超导现象。海克·卡末林·昂尼斯通过液化氦气制造出超低温后发现，当温度足够低时，汞的电阻突然消失。这种低温下电阻为零的现象称为超导现象。昂尼斯显然是幸运的，他最初选择铂做实验，没有成功，他认为是铂的纯度问题。他并没有坚持获得更高纯度的铂，而是换了具有超导特性的汞。并不是所有的导体在低温下都会有超导现象，例如铂，就不是超导体。可见有时候科研"半途而废"未必是一件坏事。

▲ 昂尼斯最初认为是铂的纯度问题使得没有出现超导现象，幸运的是，他并没有坚持获得更高纯度的铂，而是换用具有超导特性的汞。事实上，铂不是超导体

　　超导体必须同时具有完全电导性和完全抗磁性。完全电导性就是电阻为零，很容易理解。而完全抗磁性又称为迈斯纳效应，是指磁力线无法穿过超导体，超导体内部磁场为零的现象。完全电导性和完全抗磁性是独立存在的两个特性，在第二类超导体中，存在着电阻为零但内部磁场不为零的现象。

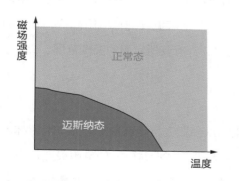
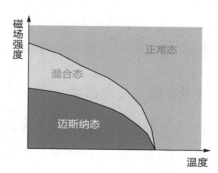

▲ 温度和磁场强度都是影响超导特性的重要因素。在第二类超导体中，随着磁场强度的增加，存在电阻为零但内部磁场不为零的混合态

达到超导状态需要一定的条件，温度、电流和磁场强度都不能过大，而这三个条件都会制约超导技术的应用。

由于温度不能过高，维持超低温度的造价昂贵，是限制超导应用的最大瓶颈。人们设想，如果能找到临界温度高于液氮温度的超导体，那将大大降低维持超导态的成本。通常所说的高温超导体指的就是在相对较高温度下实现超导的材料。

温度以外，影响超导特性的主要因素是电流和磁场强度。超导主要的应用场合是大功率输电和制造超强磁场，不能维持足够的电流和磁场强度的超导体没有实用价值，由于这一点不容易理解常被公众所忽视。经常看到媒体报道，某某科学家又发现了新的高温超导体，甚至发现了常温超导体。对这类报道来说，你只需要看是否提到了电流和磁场强度，如果没有，可以肯定，这必然又是媒体吸引公众眼球的把戏。

与通过科学文献传播科学的传统方式不同，现代媒体与出版机构更喜欢通过"科普"传播科学。从新闻记者到科普作家，更愿意将最新科学成果快速地传达给公众，生怕公众没能及时获知这些重要的科学进展。在某某学术期刊上所发表的观点，一旦被科普工作者发现可以吸引眼球，就会急不可耐地推广给公众。但即使抛掉学术造假等学术不道德行为，发表在学术期刊上的内容最终会被发现很多是不可信的。学术期刊的编辑并不具备确保内容正确的能力，大多数论文只要通过同行评议就被认为是可信的。在新的观点出现之前，人云亦云是被杂志接受风险最低的方式，有些科学家也倾向于发表此类论文。一旦新观点出现，并被同行所接受，那么之前的论文很多将被证明是错误的或失去意义的。但学术界确认和接受新的结论通常是长期的过程，抢先科普并不会给公众带来真正的知识。直接采访科学家，同样是有害的习惯。科学家的观点常常带有很强的个人倾向，将科学家的观点不经过同行评议就广泛传播出去，会对公众产生不必要的误导。而一旦观点存在错误，由此产生的"乌龙"反过来还会伤害到科学家本身。

科研与实用

超导体的未来应用前景看上去一片光明，超导从业者畅想出无数美好的蓝图，超导输电可以降低电能损耗，超导磁悬浮列车可以提高速度，甚至用超导强磁场可以制造可控核聚变。虽然理想很美好，但现实却并非如此。由于温度、电流、磁场强度三方面的限制，在当前民用领域中，只有核磁共振成像技术真正使用了超导体，金属冶炼铸造行业也少量采用了这一技术。在高能物理研究方面，由于可以相对不计成本，因此应用超导线圈制造了大型粒子加速器。其余的超导应用还只停留在构想中。

理查德·菲利普斯·费恩曼曾举过一个例子。他的一位研究天文学的朋友虽然觉得自己的研究毫无应用价值，但担心向公众承认这一事实会导致科研工作不被支持。在费恩曼看来，科学家应诚实向公众说明自身的工作价值，而公众是否愿意支持，那是他们的事情。

一直以来，对高温超导材料的研究投入从未间断过，其研究成本极其昂贵，但成功的可能极其渺茫。首先，可能世界上并不存在所谓的高温超导体。超导现象的理论并不支持存在这样的物质，事实上，超导领域至今也没有一套成熟可靠的理论。没有理论指导的科研探索与原始人尝试用不同的石器打造一把利斧并无差异。其次，即使存在高温超导体，也可能并不实用。超导主要应用于传输大电流和产生强磁场。临界温度、电流和磁场都是限定其使用的因素，只提高温度而不顾电流与磁场限制的超导体没有实用价值。超导体要想实用，还需要具有足够好的可加工性、良好的力学特性、稳定的化学特性，等等。其中，只要有一条无法满足就不具有实用性。最后，高温超导体还需要足够便宜。当前的研究常常把眼光放在稀有物质上，而这些稀有物质在地球上的储量不足，开采困难。即使全部性能优越，但成本昂贵，高温超导材料仍然是空中楼阁。

在超导研究中，各国均投入了大量的研发经费，制定了各种各样的研发计划，勾勒的却是一个当前看起来永远实现不了的蓝图。这就是现代社会科研模式的一个缩影，很多科研工作都依赖于国家的大量经费投入，而这些科研计划取得成功，看上去遥遥无期。从业者为各种复杂利益驱使，或迫于各种压力，对公众永远许诺"成功只需要 10 年"。支持这些科研投入的政府往往被误导，认为科学家们已经找到了使科学进步的正确方法，只是缺少时间和资金。但事实可能并非如此，大多数需要昂贵经费的科研并没有给出明确的成功可能性，大量的投入所取得的所谓进步并不像项目申请者所描述的那样。科学家们更像是向皇帝承诺会炼出长生不老药的术士。当某一学科方向并不能像所承诺的那样，通过资源堆积持续取得进步的时候，在这一方向的大量投入都是可疑的。

▲ 尽管各国都在加大科研投入，但很多学科方向并不能像所承诺的那样通过持续投入取得进步。现代政府在科研经费使用效益评价上并不比古代帝王高明

低温气体温度计

在低温领域，如果热电阻不能工作，那么还可以使用气体温度计进行测量。虽然气体温度计同样是利用热胀冷缩原理，但是气体的体积不仅与温度有关，还与压力有关，气体温度计要么固定压力测量体积变化，要么固定体积测量压力变化。实际上，气体温度计出现的历史相当久远，据记载，伽利略就曾经制造过气体温度计，但由于精度太差，后来被水银、酒精等液体温度计所取代。现代的气体温度计精度已经远超过水银温度计，经常用于超低温精密测量。气体温度计一般用氦气（也会使用氢气和氮气）作测温物质，这些气体的主要特点是液化温度低，适用于低温测量。在更低温度领域，低温物理学家利用饱和点与压力的关系，通过测量饱和点的压力

来测量温度。

现代精密制造工艺和精密测量技术的应用，使得气体温度计成为最精密的温度测量设备之一。伽利略在气体温度计上的失败与现代人在气体温度计上的成功，代表了人类科技发展的一般规律——只有全行业的技术进步，才能起到相互促进和发展的作用，技术进步往往是水到渠成的过程。而单独通过资金和人力的堆砌，来试图实现某一领域的技术进步，经常事与愿违。在科幻小说里，常出现某一个现代人时空穿越到古代，利用现代掌握的先进科技成为古代的智者。确实，他懂相对论和量子力学，可以解双曲型偏微分方程，是纳米材料研究专家，但那又能有什么作为呢？他可能因为不会捕鱼，不认识可以吃的野果而很快饿死。他不会制造简单的石器，不会耕种野生原稻，不会建造房屋，也不会冶炼青铜器。所谓的现代"智者"，放在古代是毫无用处的"愚者"。曾经发生过这样的事情，现代农业专家指导巴布亚新几内亚原住民将原来弯曲的灌溉水渠重新修建为直的，结果很快由于洪水暴发，农田被冲毁。原始人为了生存所要掌握的知识超乎想象，一群在城市里看着清晰路标都会迷路的现代人，其实没有任何资格嘲笑原始人愚蠢。人类进化专家们认为，现代人的脑容量与冰河末期的智人相比是缩小的。

真正的基础科学

从伽利略发明温度计的例子可以看到，测量技术的进步必然会促进其他领域的科学进步，科学研究所需的测试技术一直是诺贝尔奖的常客。X射线、CT、核磁共振、电子显微镜、DNA检测技术等生活中广泛应用的发现获得诺贝尔奖都实至名归。发明冷冻电镜虽然是物理学家的事情，但比那些研究蛋白质结构的生物学家更应该获得生物学的基础研究大奖。

现代科学发展已经进入一个新的时代，用过往科学发展规律指导现代科学发展，显然是在"刻舟求剑"。现代科学与过去的最大差异在于，已经高度系统化和专业化，知识边界基本扩展涵盖了人类目前所需的绝大多数领域。

几千年来，天文学都在推动着人类的知识进步，天文学可以帮助制定精确的历法，用于农业生产和生活（尽管其作用是有限的），对行星轨迹的观察帮助人们发现了万有引力定律。但天文学对基础研究的推动此后就已经停滞，且反过来成为需要被推动的学科。从伽利略使用望远镜开始，物理学就已经开始成为推动天文学的基础学科。万有引力定律成为发现天王星和海王星的依据，光谱分析理论帮助我们弄清了太阳的成分，广义相对论预测了引力透镜的存在。科学理论还在帮助遥远星球的观测中，预测并发现了中子星和黑洞。现代天文学在科学研究中的作用，更像是一个天然的大型物理现象实验场。在这个实验场，最重要的发现无疑是通过观察恒星光线在太阳引力下的偏转，验证了广义相对论的预言。但天文学已经不再是 1000年前关系到人类生活的重要基础学科，也没必要无限度地支持其进行漫无目的的探索。天文学发现某一新奇的星体仅能成为一个新闻或一篇学术论文，甚至不会在学术界产生一点儿涟漪。科学家又发现一个小行星和昆虫学家发现一种新的蝴蝶，在科学上的价值并没有本质差异。同为科学研究，优先支持天文学家建设昂贵的射电望远镜，并没有逻辑必然性。

另一个例子是对物质基本结构的探索。几百年来，对原子结构的认识推动了绝大多数的学科发展。约翰·道尔顿提出了原子论，但苦于缺乏物质结构理论作为支持，当原子结构被发现后，建立在原子论基础上的化学作为学科被正式接受。但当以原子为基础的各学科建立以后，对原子更深层结构的认识再也没有起到这样的推动作用。建造更大功率的对撞机，获得原子核内更深层的组成方式，已经不再对其他学科产生影响。原因很简单，这种需要高能量才能瞬时观测到的现象已经远远超过地球环境生产生活所需的边界。对撞机实验研究与阿波罗登月计划类似，更像是考验人类制造高能环境能力的一道应用题，研究成果本身已经失去应用价值。物质细微结构已经不再是对其他学科产生推动力的学科。

对科学研究评判不应过于功利，不应只追求短期的利益，而放弃科技的未来。但也不应矫枉过正，以无用为美，耗费巨额的经费用于已经失去实际意义与潜力的学科。

其他类型温度计

除上面所列举的方法，在实际中可使用的温度测量手段还有很多。

在工业领域，热电偶是常用的温度测量元件。热电偶的工作原理涉及非平衡态热力学理论，利用金属既是温度的良导体，又是电流的良导体，金属两端如果存在温差，在金属导热的同时会产生相应的电流或电势差。如果用两种不同的金属组成回路，即可通过测量电势差来测量温度。

另一个常用的温度测量方法是红外温度计。红外温度计利用不同温度物体的热辐射波长和强度差异进行温度测量。

在上面提到的众多温度测量方法中，一个普遍的特性为通过测量一个可以测的、并与温度直接相关的量，间接获得所要测量的温度。在这些温度测量方法中，有的测量精度高、有的使用方便、有的价格低廉、有的工作温度范围广。并没有一种温度计是完美的，但只要能满足使用需求，就是好的温度计。

温度计只能用于测量温度，但无法真正定义温度。当两个温度计的测量结果存在差异时，并没有一个"公正的裁判员"来判断哪个温度计的测量结果更正确。建立在物理基础上的温度定义可以作为这个"公正的裁判员"，但遗憾的是，这样的定义很困难。开尔文勋爵基于假想的卡诺循环给出了温度定义方式，这就是当前热力学所通用的开氏温标。开氏温标还可以通过统计热力学的方法定义，而且已经在理论上证明与卡诺循环定义等价。但开尔文温标没有直接的测量手段，只有在超低温测量中，还少量采用开尔文温标的物理定律进行温度测量。

道可道，非常道，名可名，非常名。温度的定义和测量就是这样存在明显的割裂。所有可以测量温度的方法，所测得的都不是温度本身，而可以定义温度的方法在测量中又不具有实用性。

人人都知道什么是温度，都理解什么是温度，但又难以给出温度的定义。如果喜欢思考复杂物理问题，那么不必去研究平行空间、宇宙大爆炸或者弦论，只需要想清楚我们周围最朴实的温度就足够了。

第 4 章　温度的存储*

尽管我们还没有弄清楚什么是温度，但似乎认可了**温度是对冷和热的度量**。这样给出的定义确实是同义语的反复，但这一命题当真没有给人新的"知识"吗？在实践应用中，单凭"温度是对冷热的度量"，就可能因此断定 200℃的热油会比 100℃的热水更危险，但这样的结论并不正确。一滴热油和一桶热水相比，热水才是致命的，一滴油只能烫出一个大水泡但不会威胁你的生命，而一桶热水可能造成大面积的烫伤，甚至导致死亡。

什么是存储

通常意义的存储就像将物品搬入仓库，搬入 2 箱货物，再搬入 3 箱，仓库中的货物就变为了 5 箱；如果再搬走 2 箱，仓库中的货物就变为了 3 箱。用简单的加减运算即可解决货物存储的问题。

从存储的角度来看，温度并不是可以直接存储的量，将 50℃的水与 50℃的水叠加，无法获得 100℃的水。

---

* "温度的存储""温度的传递"等提法不用于一般科学术语中，而是本书想要表达和普及的物理常识。

物理量中存在着很多类似温度无法直接进行加减运算的量。**凡是性质与物质的数量无关的量，都无法进行加减运算**，如温度、压强、密度、硬度、浓度、溶解度、酸碱度等。

如果了解哲学家约翰·洛克对物质性质的描述，就会发现这些量存在着共同的特性。洛克认为，物质具有的性质可以分为两类：第一类是物质的质量、体积、数量、运动等，是"原始属性"；第二类是"附着"于物质表面的性质，如颜色、气味、硬度等，温度属于第二类性质的量。洛克认为，第二类性质存在于物体之外，可能与某种微粒有关。按照现代的科学研究结果来看，洛克的理论过于粗浅。但从可加减运算角度来看，就会发现第二类性质要么不可以量化，要么即使量化也无法进行加减运算。而第一类性质的量如质量、体积、数量、运动等都满足叠加运算。

为便于理解，举一个日常购物的例子。1kg 大米与 1kg 小米混合，质量显然是 1kg+1kg=2kg。而大米 3 元每千克，小米 4 元每千克，如果混合起来卖 3 元每千克 +4 元每千克 =7 元每千克，显然是错误的。还存在一些有条件的叠加运算，1L 大米与 1L 小米混合，用 1L+1L=2L 计算就不太适合，因为小米会进入大米的空隙，实际体积会小于 2L。但如果是分别包装的 1L 大米与 1L 小米，则可以认为是合理的。

与上面的例子类似，在物理量中，有些叠加运算也只是有条件的正确。比如，运动速度满足叠加运算就是有条件的满足。在牛顿惯性系统中，相对速度可以直接进行加法运算，火车的速度加上车上乘客行走的速度就是乘客相对地面的速度。但是在相对论系统中，运动相对速度就不再满足加法法则。

最常用的加法运算

看起来能够做加法运算的量如此少，这好像并不符合我们的直觉，但事实就是这样。大多数时候，我们所采用的加法运算只是一种同义语的反复，与上面所说的叠加并不一样。记忆中，最早学过的应用题就是这样的类型。

小明 5 岁，小明的哥哥比小明大 3 岁，请问小明的哥哥几岁？

5+3=8

在这里，所使用的加法运算并不具有严格的物理意义，"5 岁"与"大 3 岁"中的数字是完全不同的概念。这一命题只是一个同义语反复的命题，答题人首先要将命题翻译为："小明 5 岁；小明哥哥的年龄是小明的年龄加 3，请问小明的哥哥几岁？"命题仅仅是出题人设计好的思维游戏。数理逻辑的发展已经让人们认识到，数学运算并不会产生新的知识，我们日常中的加法运算基本属于这一类。

加减乘除运算对一个智力正常的成年人来说，很容易在短期内掌握。哲学家柏拉图说"知识来源于回忆"，为证明这一观点，他采用"思维助产士"的方法，通过询问问题让一个没有受过任何教育的奴隶掌握了几何定理。如果你受的是经验主义哲学的影响，显然不会同意"知识来源于回忆"这样的说法。如果没有人告诉你或者从未亲身见过，单靠"回忆"谁会知道世界上有长颈鹿、大熊猫或鸭嘴兽呢？但数学和逻辑确实看上去不依赖于经验。比如加法运算，当理解数字 1 和 2 的含义，以及加法的含义以后，自然会得出 1+1=2 的结论。从这种意义上来说，小学阶段的数学更像是语言学习，而小学阶段各种难倒家长的应用题更像是阅读理解。经常见到小学生的家长们抱怨，现在孩子们的数学题好难啊，连家长都不会。其实这些家长不必难过，谁让当年你的数学不是语文老师教的呢！

叠加与守恒

守恒定律与叠加几乎是同时存在的。当仓库的货物被物流公司送到下一站时，原来的仓库必然已经失去这些货物，但货物总量是不变的。

物理学中的能量守恒定律可以算作近代科学最伟大的"发现 / 发明"之一。虽然物理课本中都会称之为重要发现，但是，现代很多哲学家却不以为然，认为这和所有的物理定律一样，全部是"发明"出来的。

对守恒定律的信仰是人的本能直觉之一。当魔术师从他那施有魔法的帽子里拿出一只、两只、三只兔子的时候，除了兴奋尖叫的孩子们，不会有成年人相信魔术师能凭空产生兔子。因为在成人的逻辑中，兔子的数量是守恒的，魔法师一定是事先藏好了兔子。为什么我们会那么肯定，不存在凭空产生兔子的魔法呢？魔术师作为一个我们此前并不认识的人，并没有证据认定他不具有某种魔法可以在帽子中凭空变出兔子，但直觉告诉我们这是不可能的。即使是对有神论深信不疑的人，也只愿相信他们看不见的某位神灵具有这样无中生有的能力，而不会相信眼前这位魔术师的奇迹。这就是源于对守恒定律的直觉或者是一种信念。

▲ 在帽子变兔子的魔术中，尽管不知道魔术师是怎么做到的，但成年人的直觉可以断定，兔子一定是预先藏好的，不会真的有魔法。这就是对守恒定律的最原始直觉

对守恒的信念一直在人类文化中存在，巴门尼德大概是第一个系统阐明永恒性哲学的人。在他看来，作为万物本源的"一"是永恒不变的，其实这就是对守恒定律最早的阐述。当然，人类历史上有很多守恒信念并不那么正确，例如对灵魂守恒的信仰。认为灵魂不灭，从古到今一直存在，只是在不同文化群体中灵魂守恒的方式不同。有些文明相信，人死后灵魂不灭成为鬼魂，也有文明相信，灵魂会通过转世的方式不灭，在一些食人部落中甚至相信吃掉死去亲人的脑髓可以让逝者的灵魂永恒。在无神论看来，灵魂守恒是可笑之极的想法，但请读者思考一下，真的有无神论者像科学家完美证明宇称不守恒一样给出过理论或实验证据吗？（宇称守恒假设基本粒子与其镜像完全对称，1956年，杨振宁和李政道提出弱相互作用力下这一假设不成立，并被实验所验证。）

▲　出于守恒定律的信念，在各种相信灵魂的理论中，必然会加入"投胎转世"，以维持灵魂的"守恒"。尽管在无神论看来，灵魂守恒毫无依据，但由于"灵魂"缺乏精确的定义，灵魂守恒并不能被证明是错的

　　与灵魂守恒这种不可证伪的守恒相比，科学上存在更多的是某种范围内守恒，但在另一范围内不守恒的量。如上面提到的宇称守恒定律，在粒子物理领域内就是不守恒的。质量守恒定律在化学上是最基本的守恒定律，甚至在爱因斯坦之前，被认为是最显而易见的守恒定律。但随着爱因斯坦相对论的出现，质量守恒定律与能量守恒定律一起，都不再正确，取而代之的是质能守恒定律。

　　数学家艾米·诺特通过数学证明，任何连续力学体系中的对称变换都有守恒定律与之对应。简单地说，只要有对称性存在，就有理由相信有守恒量存在。在牛顿之前，人类不相信地球上的定律也适用于天球。牛顿的万有引力定律让人们相信，地球上得出的物理定律是普适于整个宇宙的，这就是物理定律在空间的对称性，也对应了牛顿定律的重要推论——动量守恒和角动量守恒。有什么能证明天王星上的物理定律与地球上一样么？在星际探测器登陆天王星前无法证明，只能靠直觉。就像当年人们确信天球是神灵的居所一样，也是靠直觉。

　　但直觉未必可靠。直觉上，镜子中的我与我应该完美一致，宇称守恒定律似乎也应该是正确的。尽管宇称不守恒已经在理论和实验中都被确定，但这种直觉上的不完美到底是什么原因呢？至今没有答案。那么，同样依赖直觉的物理定律空间一致性是否也有可能不存在呢？动量真的守恒么？这些问题的回答只能留给未来。

能量守恒定律

另一个直觉中的对称性就是时间一致性，尽管昨天的我与今天的我从分子结构上并不完全相同，但我总会相信，昨天的我与今天的我是同一个人。法官也不会听信罪犯"昨天的自己不是自己"的狡辩。过去形成的自然规律我总会选择去相信，理智的人不会去挑战当前自然规律是否已经发生变化，比如尝试从楼顶跳下去，或者品尝某种毒药。没人会每时每刻想着把已有的自然定律重复验证一遍。自然规律的时间一致性无法通过实验证实和证伪，没有人能回到过去验证现在的自然规律。

既然我们已经有强烈的直觉和信念相信，自然规律不会随着时间而改变，那么我们称为"能量"的这一物理量像魔术师帽子里的兔子一样，不再会凭空产生了。恩格斯把能量守恒定律称为 19 世纪最伟大的自然发现之一，也可以说是现代科学最重要的规律之一，几乎每个学科的建立都依赖于能量守恒定律。

从能量守恒定律的发现历史来看，似乎是焦耳精确细致的实验研究证实了能量守恒定律，但事实未必是这样。没有人可以设计出一个真正能验证能量守恒过程的实验。更深入的哲学研究发现，能量守恒定律其实更像同义语的反复，因为**能量的定义依赖于能量守恒定律**。

"能量"定义依赖于能量守恒定律！确实听上去不那么容易理解，也确实颠覆了读者对以前学过的物理知识的认识。

既然能量守恒定律表达的是自然规律的时间一致性，尽管根据上面所论述的，这种一致性更像来自于直觉，但并不妨碍我们接受这一直觉。

我们将问题只局限于温度传递问题，将温度相关的能量简单称为热量。但事实是，物质中含有多少热量是未知的，严格意义上来说，物质含有多少热量的说法本身就是错误的概念。热能只有在传递过程中才能度量，**转移热能的多少称为热量**。高温物体可以向更低温的物体传递热量，随之物体温度不断降低。但没有人能够测量物体还"剩余"多少热能，理论上，物体的温度不能低于绝对零度，但物体从现有温度降低到绝对零度的过程中，到底会释放出多少热量，无法测量，也无实际意义。

先来思考这样的问题：

将 1kg 10℃的水与 1kg 90℃的水混合，水温是多少度？

掌握基本计算知识的读者大概很容易回答是 50℃。计算中用到了守恒律，也就是质量乘温度的和守恒。1kg×10℃+1kg×90℃=2kg×50℃。

但这一计算在严格意义上是错误的，因为前面讲过，温度的测量手段，不论是使用热膨胀原理、热电阻原理或别的测量手段，从逻辑上都无法证明掺混恰好平衡在 50℃。水银温度计的刻度变化和水的掺混并没有必然联系，逻辑上无法推导出实验测得的温度一定是 50℃。实际上，如果按照计算机模拟的结果，上面问题的答案应该是 50.04℃。计算机的求解方法是对大量实验结果求差值，有理由相信，这一结果与实验测量值是一致的。

根据自然定律的时间对称性，无论在什么时刻，从逻辑上唯一可以确信的是，将 1kg 10℃的水与 1kg 90℃的水混合，水温是确定的温度。但这确定的温度是多少，无法从逻辑推理中得出，只能依赖于实际测量。

当 1kg 温度已知的 A 物体与 1kg 温度已知的 B 物体充分换热后，可以确定为恒定的某温度。这就是我们唯一知道的事情。简单用温度乘以质量的计算尝试是失败的，解决办法就是再乘以另一个未知的量，物理学上称为热容。

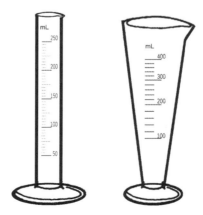

▲　上下均匀的量筒，刻度也是均匀的，而上下面积变化的量杯，刻度更难标定。热容就像容器多变的面积，当变化规律未知时，热量无法测量

可以将热量想象为容器中的水，温度想象为水位的高低，而热容就像容器多变的截面积。我们并不知道水桶的形状，也没有测量水桶形状的工具，唯一可以测量的就是桶中水位的高度。只有确信倒入容器中的水不会无缘无故地消失，才能通过反复测量加入的水量与水位变化的关系，来确定水桶中不同位置的截面积。在这里，只有温度是可测量的量，热量是不可测量的量，甚至根本就不存在，只是被假想为随着温度变化而改变的量。我们必须假设并确信，热量是守恒的，只有这样才能通过测量温度对热容进行测量，而不是反过来用热容的测量结果证明能量守恒。从这个角度看，能量守恒定律只是告诉我们：**总有什么量是守恒的。**

热质说与工具主义

为便于理解热量，上面借用了一个非常成功的比喻，将热量比作水桶中的水。但热量并非像水一样是实实在在的物质，只是为了满足守恒而假想的量。但早期的物理学家们却不这样认为。热量一直被当作一种实际存在的物质，只是没有质量，科学家称之为热质。早期的热质说认为：热量传递就是热质流动的过程，热质不生不灭，满足守恒定律。物体温度升高是由于热质流入所引起的。热质说几乎可以解释当时所有与换热相关的现象，拉普拉斯甚至用热质说成功修正了音速公式。

熟悉热质说历史的读者可能记得，因为焦耳的重要发现，人们逐渐认识到热能只是分子运动的动能，热质说是错误的，被彻底否定。我希望读者能够思考的是，热质说真的是因为错误被否定的吗？换句话说，热质说真的存在无法修正的错误而不得不被否定吗？

可以确认，热量是为了表述守恒定律而引入的额外概念，就像万有引力是为了表述行星运行不得不引入的概念一样。采用广义相对论理论，可以用时空扭曲解释这些现象，而不必引入万有引力，但从未有人认为万有引力定律将因为错误被否定。究其原因，是因为在牛顿力学体系下建立的动力学理论已经非常成熟，这其中取得的成果包括我们耳熟能详的发现海王星、三体理论等。最关键的是，动力学理论已经很难求解，以人类现有的数学知识，无法在黎曼几何空间建立完美取代动力学理论的数学理论。既然没有可以替代的数学理论，也就没有人会愿意抛弃万有引力。

热质说的悲剧在于太好被替代了，热质与物理学上的其他能量之间只差了一个热功当量。只要掌握乘法并记住 4.184J/cal 这一常数，热质就成为可有可无的理论。当一个理论变得可有可无时，它是否具有存在的必要只能依靠运气，热质确实运气很差，于是它就在物理学中消失了。

工具主义哲学认为，科学理论并不存在真假，只有有效或无效的区别，当某一理论不再有效的时候，这一理论和理论所引入的所有附属物将会同时消失。如果说热质是工具主义不幸的牺牲品，被从理论中开除出去，那么电流显然是幸运的。在电力学建立之初，科学家也认为电流是像水流一样的流动物质，但一直没有寻找到这种物质。电子被发现后，电流流动被解释为电子的运动。但实质上，电力学中的电流与电子运动并无多大关系，电子更应该是量子力学和高能物理中需要使用的概念，在这里电子被认为是具有质量、负电荷，但没有体积的物质。在电力学中，电流并不是必须存在的概念，像热质说一样它完全可以被取消。是什么让物理学家们忍受电流这一概念的存在呢？似乎唯有运气可以解释。

《韩非子·说难》中记载余桃之癖的故事。弥子瑕得宠。与君游于果园，食桃而甘，不尽，以其半啖君，君曰："爱我哉，忘其口味，以啖寡人。"及弥子色衰爱弛，得罪于君，君曰："是固尝矫驾吾车，又尝啖我以余桃。"工具主义的相对主义倾向确实不被科学家们所喜欢，但工具主义确实在实际应用时好用，好用得以至于难以反驳，甚至被科学家们不自觉地娴熟使用。热质说被消灭就是科学家们借助工具主义成功消灭异己的例子。但在实际应用中，如传热学中，热质其实还是很好使用的概念。

蓄热与蓄冷

提起云南美食，一定少不了过桥米线。传说中，过桥米线是贤惠的妻子为了让刻苦读书的丈夫能吃到热腾腾的米线而发明的做法。在一大碗热汤中，按照先荤后素、先生后熟的顺序，放入鱼片、鹌鹑蛋、竹笋、火腿、菜叶、米线等食材。平心而论，这样特殊的吃法未必比大锅中煮熟的米线更美味，但所传达的中华美食中精湛的厨艺和别样的文化，一直让食客们欲罢不能。过桥米线应用的正是蓄热原理，将热能存储在热汤中，在没有热源的条件下，仍可以加热食物。

　　而蓄冷的历史同样悠久，在我国两千多年前，就有在冬季将冰储存在冰窖中，在夏天用于冰镇酒或者给室内降温。通过储存冰的方式蓄冷至今仍在使用。

　　需要强调的是，我们已经说明了，物体并不含有热量，就像电池里不含有电流一样。热量只是为了定义守恒定律人为制造出的假想物理量。但热量和蓄热 / 冷已经成为科学中的常用术语，且已经成为习惯，不可避免地还将被继续使用，尽管这一用法是错误的。

　　如果把热量想象为水，那么蓄热就像是在河流中修建水坝，只等着稻田需要灌溉的时候再把水放出来；而蓄冷就像临时准备的泄洪区，当洪水泛滥的时候用来降低水位。

　　在众多人类可用的能源中，热能属于相对容易存储的（可能存储难度仅高于化学能，靠自然力量，化学能以化石能源的形式稳定储存下来）能源。东北农村至今保留的火炕是储热的成功案例之一。利用砖存储热量，就可以保持一晚的温度。砖石等是天然的廉价蓄热材料，至今在工业领域仍广泛使用，尽管这种方式看着一点也不神秘，但成本低廉是其最大的优势。

　　如果储能材料可以做得无限大，由于储能量与体积成正比，而散热速度与面积成正比，随着尺寸增加，储能量增速高于散热量增速。因此储能体积越大，储能能力越强，散热率也越低。正如我们日常所观察到的，越是体型巨大的生物越耐寒。至今恐龙是冷血动物还是恒温动物，在生物学中仍然存在争议。根源在于，即使恐龙不具有温度调节能力，巨大的体格也足以让其在昼夜温度变化的过程中体温维持相对恒定。

　　但对工程应用来说，巨大的储能体积并不是个好主意。尽量增加蓄热密度，减少储能体积，是工程中必须考虑的因素。现在以我们对世界的认知，很难发现热容更大的物质，因此传统的利用热容的储热方式，体积很难明显降低。利用相变或利用化学反应储热是这一领域很有潜力的发展方向。相变储热并不神秘，其实就是与冰块蓄冷类似的过程。相变蓄热 / 冷利用物质在相变过程中需要吸收或放出大量的热量。找到相变温度与需要储存的温度相接近的物质即可。固 – 液相变是常用的储热形式。由于物质汽化，体积会增加很多倍，因此即使汽化潜热巨大，也很难利用汽化储热。熔盐的相变温度多样，容易与需要储热的温度接近，是当前最常用的相变储热材料之一。

"民科"的挑战与辉格科学史

能量守恒定律可能是现代科学中受"民科"挑战最多的定律之一，一些科学爱好者对永动机的研究热情从来就没有减退过，很多人甚至节衣缩食地想要发明永动机，推动人类文明的进步。这些民间科学家们一直受到各种冷眼和嘲笑，但我觉得，对他们更应该报以的是同情。

▲　真正的科学史中，科学进步并不与挑战权威存在必然联系。缺乏对科学进步过程的真正了解，造就了很多"民科"的行为悲剧

长期以来，科学史的教育充斥着辉格式（Whiggish）的腔调。在辉格式科学史中，科学是不断推翻权威追求真理的形象，那么"民科"不断试图推翻物理课本中的定律，或者破除学术权威对真理的垄断有什么错呢？可以想象，当他们拿着一叠写满公式的材料，自信满满地让专家们肯定自己的新发现时，却被保安粗暴地从办公室中赶出，这时候，他们心中想到的大概是哥白尼、伽利略和布鲁诺，一种为科学献身的自豪感油然而生。

在历史学中，为某种目的篡改事实是司空见惯的事情。"历史是胜利者的历史""历史是任人打扮的小姑娘"。在英国，辉格党人就"创造"出很多对自己有利的历史。科学史一直是人为创造历史的重灾区，也可能是因为科学家更聪明吧，创造的历史看上去逻辑性更强，更像是真的。赫伯特·巴特菲尔德最先提出科学史中存在辉格科学史的现象，但他本人所著的《近代科学的起源》同样充满着辉格科学史的味道。对于科学史的人为创造来说，真的是防不胜防。很多"鸡汤体"的文章甚至是科学家本人所述说的。牛顿看到苹果落地发现了万有引力定律，瓦特看着茶壶发明了蒸汽机，本杰明·富兰克林放风筝发现了雷电的秘密，凯库勒做梦梦见了苯环结构，亚历山大·弗莱明度假回来发现了青霉素。仔细思考就会发现，上述科学故事是十分可疑的，有的源于报道者的以讹传讹，有的是当事人自己杜撰的，更多的是以讹传讹后被当事人出于某种目的不置可否。

一直以来，在辉格式科学史中，创造者最喜欢的故事类型是某位科学巨人，因为惊世骇俗的发现被漠视甚至被迫害的故事。在故事中，哥白尼是因为害怕被宗教迫害，所以推迟了《天体运行论》的出版，而没人关注更可能的原因是，哥白尼自身需要对理论进行修正完善，以及当时波兰并没有具有出版能力的出版商。尽管有明确证据证明伽利略和布鲁诺都曾受到宗教迫害，但辉格式科学史却故意忽略掉伽利略和布鲁诺两人都未认真读过《天体运行论》，这是有更明确的证据证明的。而且他们与我们这些支持哥白尼的大多数现代人一样，可能根本不具备读懂这本书所需的数学能力。人们更愿意相信，愚昧保守势力总喜欢故意不顾事实迫害新的学说，而不愿意相信可能是因为当时新的学说本身还不够好才不被接受。

哥白尼在《天体运行论》中引入了更多的本轮（并非讹传地简化了本轮的数量），但预测精度并不比托勒密高。更致命的是，日心说并没有给出可信的解释，以说明为什么地球绕着太阳转动时人类没有被摔下来。哥白尼的信徒们包括伽利略在内，对这一问题的解释不仅没让人信服，而且现在看来完全是错误的，这些都是日心说不被接受的重要原因。任何新理论的提出都要经历不断积累的过程，日心说也不例外。当日心说代替地心说解释行星运行规律的时候，不得不解释为什么我们没有感到地球在动的问题。只有当牛顿给出合理的解释后，日心说才被迅速接受。

▲　地动说没有被接受的根本原因不在于宗教势力，而是无法解释地动说所带来的逻辑矛盾。伽利略试图用潮水证明地球在运动，即使在当时也缺乏可信度

　　当科学史中代表科学掌握真理的一方常常以受迫害者或弱者的形象出现时，作为读者的一方自然容易错误地认为受迫害者才是掌握真理的一方，这也造就了很多"民科"将挑战权威、与主流科学为敌作为奋斗目标的人生悲剧。

　　事实上，并没有严格定义的伪科学，学院科学家们所做的科研也未必比"民科"可靠，如臭名昭著的颅相学，刚刚被揭发为造假的心脏干细胞治疗。在功利心驱使下，发表毫无意义的论文本身就是一种伪科学活动，这些论文对人类科研并无推动作用。"民科"的主要错误在于没有经过科学训练，不具有理解和使用科学语言的能力，更像是鸡同鸭讲，在错误理解科学概念的基础上所进行的科学研究当然毫无意义。就像某人宣称发现一种会飞的牛，事实是他将天牛等同于牛类。只有使用同样的语言体系，才具有讨论问题的基础，"民科"不可能被科学界给予同等对话权利的根本原因是，他们不掌握科学研究必要的语言体系，而不是他们自身所臆想出的学术权威打击异己。科学语言体系需要精确的定义概念，而这正是本书所试图解决的内容。

▲ 未经过科学训练的人不能正确掌握科学概念，望文生义，使得研究内容毫无意义

第 5 章　温度的传递

　　天之道，其犹张弓欤？高者抑之，下者举之；有馀者损之，不足者补之。天之道，
损有馀而补不足。人之道，则不然，损不足以奉有馀。孰能有馀以奉天下？其唯有
道者。——《道德经》

　　我们已经知道，热量可以在物体中不断传递，由高温物体转移到低温物体。但
热量本身只是假想中存在的物理量，温度变化是唯一能表征这一过程的量。但热量
传递到底是怎样进行的呢？

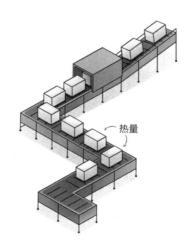

热量

▲　温度传递通常会被想象为像真实世界中物流一样传递热量，但事实上，热量是虚
拟出来的量，并不真实存在。将温度传递过程理解为交易虚拟资产可能更为贴切

温度传递怎么成为可能

提到"传递"，最容易想到的是物流行业。在电子商务发达的今天，轻点智能手机，只需要几小时电商就会将你所选择的商品传递到你的手中。无论你购买的是几本书、一束鲜花、一箱水果，还是一个披萨，当这些商品传递到你的手中时，商家就失去了它。传递必然伴随着数量的增减。前面已经说过，50℃的水与50℃的水叠加，无法获得100℃的水。为表征传递，必须使用热量——这一可叠加的量。随着传热过程的发生，有的物体温度降低，随之而来的是某一物体或几个物体的温度升高（但发生相变时，温度不变）。假想在其中传递着被称为热量的东西。在这一过程中，唯一可见的就是温度变化，而非热量传递。

温度传递的方式

温度传递与人类有着极其密切的关系。研究温度传递已经形成了一大类成熟的应用技术学科，称为传热学。传热学就是研究热量传递规律的学科。在传热学所研究的范围内，热量传递有三种主要方式：热传导、热对流和热辐射。其中热辐射与前两种完全不同，不依赖于传热体之间的接触。这里只考虑热传导和热对流两个问题。

当高温物体与低温物体接触后，就一定会发生从高温物体向低温物体传递热量的现象。热传导和热对流都依赖于物体的接触，只是热对流同时伴随着流体流动。如果用物流作比喻，热传导就像手递手的搬运货物，而热对流就像把货物放到传送带上。在实际应用中，流体流过物体表面所发生的传热过程是工程中最常见的现象，在这一现象中，热传导是发生热对流的基础，只有当热量与流体发生传递后，才会发生流体对热量的搬运。

当热质说被否定以后，热量传递过程被解释为粒子热运动相互碰撞的结果，热量传递在本质上变成了粒子动能的传递。这种解释相当复杂，也不具有可检验性。当解释导体传热时，会认为是导体中自由电子碰撞加速热量传导；当解释非导电晶体传热时，需要引入复杂的**声子**概念，这是在量子力学中为解释晶体振动而建立的模型。对非晶体导热和液体导热来说，从碰撞传导的角度解释更为复杂，甚至至今也没有定论。对于传热这种宏观的问题解释来说，反倒是热质说通俗易懂，而且在问题研究中更为方便。由于在科学共同体看来，重提热质说简直是离经叛道，所以传热学从业者表面上承认粒子碰撞传导能量的通用解释，但实际上仍在使用热质说。因为从粒子碰撞解释能量传递固然可以，但仅限于解释而已。这种还原论的方法难以计算出哪怕像暖气片放热这样最简单的问题。

温度的连续性

自牛顿建立微积分理论以来，连续性假设就成为科学和工程基本的假设之一。在连续性假设下，物理参数在空间和时间上都是连续函数。连续函数在数学上有严格的定义，从物理上理解就是物理量不会发生阶跃。在连续性假设下，如果用没有厚度的"刀"将物质切为两半，那么在切口两侧所有物理量都应该是严格相等的。

当然，连续性假设并不确定是正确的。随着微电子技术的发展，已经发现，在纳米级尺度连续性假设并不成立。在激光脉冲加工领域，也发现在超短时间内时间连续性假设不成立。在量子力学领域，大多数物理量都是量子化的，连续性假设已经被完全否定。

在古希腊，哲学家芝诺就已经提出过反对连续性的悖论。在芝诺悖论中，最著名的是被称为阿基里斯追龟的悖论，他宣称，跑得飞快的阿基里斯永远追不上乌龟。他还提出过称为"飞矢不动"的悖论，这一悖论也可以应用到传热学中。

一只射出去的箭是运动的么？显然是。但在任何一个瞬间，箭必然处在一个确定的位置，从这个角度看，箭应该是不动的。

借用上面的悖论。根据连续性假设，在传热过程中任何一个交界面两侧，温度应该是相等的，而温度只会从高温物体向低温物体传递，温度相等意味着热平衡，将不会发生温度传递。

当然，科学家们都很自信地认为，芝诺悖论

两个面温度一样，是怎么传热的？

▲ 根据连续性假设，物体中任意截面两侧的温度都是相等的，这与热量从高温向低温传递相矛盾

早已被解决。关于这一悖论的解释，在网络中可以搜索到很多，但当读者阅读到这些解释的时候，我希望你能加入更多自己的思考，掌握独立思考的方式比学到他人加工过的知识更重要。

热传导方程

如果连续性假设成立，就可以获得与之相关的偏微分方程。正如大多数物理问题的解决过程，在基本方程建立后，剩下的问题将只是求解这些方程而已。如果把热流想象为水流，把温度想象为水位高低，那么就可以建立等温线（对应等高线）与热流速度（对应水流速度）的关系。

法国物理学家傅里叶以著名的傅里叶变换而闻名，但他更大的贡献在于提出了热传导的基本偏微分方程，并研究了这些方程的求解方法。事实上，他发明傅里叶变换的主要用途就是求解各类传热问题。傅里叶几乎终生都在研究传热问题，甚至到了晚年，他相信住在足够热的房间内，身体可以吸收热能，延年益寿。由此可见，科学家们迷恋养生的时候，思维并不比普通人高明多少。

热传导所用到的偏微分方程为椭圆型方程，属于数学中最容易求解的一类。只要给定边界条件，就可以确定地求解方程。现在随着有限元等数值方法的发展和计算机速度的提高，热传导问题的求解对工程师来说，就像求解 1+1=2 一样简单。

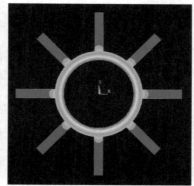

▲ 工程师们使用有限元方法，可以轻易计算出任意形状物体的传热过程

　　在人类众多热传递过程的计算历史中，开尔文计算地球年龄的故事最为有趣。一个煮熟的鸡蛋，需要多久能够自然冷却？牛顿认为：冷却过程是以指数衰减的。热传导的公式推导也可以证明这一结论。因此开尔文把地球想象为一个巨大的鸡蛋，根据地球表面的温度梯度，他认为自己掌握了计算地球寿命的方法。通过计算，他认为地球大约有 1 亿年寿命，在 2500 万年前达到现在这样可以存在生物的温度。很不幸，开尔文的计算结果大家都不喜欢。信奉圣经的教会认为，2500 万年太长了，与圣经记载不一致；而达尔文主义者觉得 2500 万年又太短了，不足以完成生物进化。反对者不是根据开尔文的计算方法，而只是根据自己是否喜欢这一结果。现在看来，开尔文的计算存在的错误在于忽略了地球内部核反应过程的放热，导致计算年限偏短。当放射性元素年代检测技术出现后，人们根据同位素半衰期理论认为，地球年龄为 46 亿年。同位素法是否严格可靠呢？使用同位素法测量年龄必须要有两个确定时间的"锚"，一个是"新鲜"的石头，一个是"远古"的石头，然后再假设"新鲜"的石头仍然保持地球刚产生时代的同位素组成。这样，通过对比"远古"与"新鲜"石头同位素的差异，就可以计算出地球的年龄。即使以上假设成立，对于半衰期达几亿年的物质来说，半衰期测定仍然需要校准的标准。目前，可用的办法是找到年代"已知"的"远古"石头与"新鲜"石头进行同位素比对。同位素年龄测量法与开尔文方法同样依赖于大量假设。

　　我并不是要否定半衰期法对地球年代测量的结论，而是说，现有的方法与开尔文当年的方法相比，同样存在精度问题，但因为结果看起来更可信，所以被接受。教会已经远离科学，没有科学家还会相信神创世纪的传说，而 46 亿年看上去可以接受。其实，地球年龄是 46 亿年还是 50 亿年并不重要，也没有让人类掌握新的知识，唯一的作用是可以作为新的"圣经"告诉给对科学知识渴望的小学生去熟记。对科学体系来说，能够"容纳"下目前的地球演化理论，不与这些理论矛盾才是最重要的。

热传导的强化与削弱

　　根据人类的实际需求，找到增加或减少换热速度的方法是传热学的最主要应用。热传导的方程并不复杂，可以改变的条件也不多，总体上说就只有改变形状和导热系数。

对改变形状来说，最简单的方法就是通过减少厚度增加导热速度，通过增加厚度延缓导热。夏天穿薄的衣服，冬季穿厚的衣服，这就是最简单的做法。在设计中，换热器会尽量将壁面设计得更薄，而在建筑中，通过增加墙体厚度可以有效实现保温。但是，形状改变也会受到工程实际中其他因素的限制，换热器的壁面过薄将容易损坏或者无法承受壁面两端的压差。在工程建筑中，为了保温也不可能无限加厚墙体。

另一个方法是改变换热系数。最主要的方式就是改变材料，如棉被、羽绒服、空心砖等都是利用空气的低换热系数性质来保温。相反，使用高换热系数材料可以加速换热。铜是工程中最常用的高导热材料，其中紫铜广泛应用于换热领域。铝也是常用的导热材料之一，缺点是化学性质活泼，熔点低。更为常用的换热器材料为不锈钢，尽管导热性远低于铜和铝，但强度高、耐腐蚀、耐高温。材料的价格同样是重要的选材因素，镍基高温合金是金属材料中耐高温综合性能最好的一类，但因其价格昂贵而难以大量使用。火力发电厂的锅炉需要大量换热管，由于需求量很大，使用高温合金造价难以承受，所以是制约700℃超超临界锅炉研制的根本原因之一。从目前的材料技术水平来看，在可以预见的将来，制造出可工作在1000℃以上的换热器，可行性极低，其中价格将是最关键的制约因素。

对大多数工程技术来说，价格因素是决定可行性的首要因素。与昂贵的造价相比，通过提高锅炉温度来增加发电量得不偿失，这使得700℃火力发电机组至今也没有投入使用。高效率的空气燃料电池系统除依赖于可靠、高效的催化系统，还依赖于高温换热器将余热吸收利用，至今也未能得到有效应用。快中子核反应堆尽管有众多假想的优势，但无法找到经济可靠的中间换热方式是其致命的缺陷之一。当前，利用液态金属钠作为中间换热工质，造价昂贵，且不能确保安全性。诸如此类，价格因素通常是制约所谓新技术推广的根本原因。当科学理论提出一种新想法时，往往不会考虑价格因素，但忽略价格因素对这一理论的实际应用将是致命的。

复杂的热对流

当流体与固体表面接触并换热时，换热将受固体流体间导热和流体流动两个因素的影响。热传导问题是相对简单容易解决的数学问题，而流体流动却是最复杂的数学问题之一。

引起流体流动的原因就很复杂。很多时候，流体流动是由于与换热过程无关的外力所引起的，如自然的水流、风，或者被风机、泵等驱动，这一类问题称为强制对流，可以将其分离为换热和流动两部分单独考虑。另一类流体流动的驱动因素是换热。换热导致流体密度变化，受重力影响引起流体的流动，而这也会加速热量传递，称为自然对流。由于换热与流动相互影响，因此这一过程更为复杂。

在强制对流过程中，流动也很复杂。流动分为层流和湍流两种形式，其中湍流运动最为复杂。湍流的运动规律和机理至今也没有被认识清楚。影响流动状态的因素也相当复杂，即使只是判断流动为层流还是湍流，就已经极为困难。来流的流动状态、固体表面的粗糙度等很难精确测量的量往往是决定性因素。

求解流动问题最基本的方程是称为 NS 方程的经典偏微分方程。NS 方程求解问题在新千年被列为数学千禧问题中的七个问题之一，至今也没有解决，且短期内也看不到解决的希望。与大多数成熟的应用技术学科一样，传热学仅需要通过几个经典的偏微分方程就可以描述学科内需要解决的全部问题。同其他应用技术学科一样，计算机技术的发展和数值计算方法的成熟，使得工程师们不必掌握复杂的数学知识就可以通过商用计算机软件熟练地模拟传热过程。在理想情况下，似乎通过数值模拟就可以无所不能地进行计算，但很不幸，在对流换热方面，数值计算方法并没有取得想象中的成功，对流换热问题的研究仍必须采用更多的应用科学技巧。

应用科学技巧

由于 NS 方程的难以求解性，对流换热问题仅通过求解偏微分方程很难解决，因此对流换热问题几乎成了展示各种应用科学技巧的实验平台。或许喜欢理论科学的人对这类应用科学研究不屑一顾，连最伟大的流体力学专家路德维希·普朗特都未能获得诺贝尔奖，但应用科学研究其实是真正能改变世界的科学。

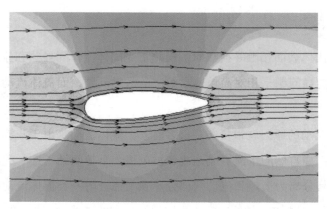

▲ 在物体附近，流体的流动方向更倾向于与固体壁面平行，通过普朗特的边界层理论，可以近似求解大量工程实际中所遇到的流体问题

在没有计算机的年代，边界层理论就是求解流体问题最具突破性的方法，至今这一理论仍广泛应用在工程领域。由于流体存在黏性作用，因此 NS 方程求解极为复杂。普朗特通过实验观察黏性流体流过壁面的过程，想到了一个折中的解决方法。在壁面附近，黏性作用强烈，但流动方向主要是贴着壁面的，因此可假设流动方向平行于壁面，方程得到明显简化。贴近壁面的流动称为边界层流动，在边界层以外的流动称为主流。由于主流速度变化小，黏性作用弱，可假设为无黏性流动。简单地说，要么是有黏性但平行于壁面的边界层流动，要么是无黏性的主流流动。由于这两类流动都是可以真实求解的，因此在数学上近似求解流动问题成为可能。飞机、船舶、车辆、发动机等众多与流体相关的工程技术问题终于找到了理论求解方法。对流换热理论也是在边界层理论的基础上建立的。

尽管新的基于湍流模型的求解方法已经基本取代边界层方法，但在设计分析中，边界层理论仍然是重要的指导理论。边界层被认为是流动损失的主要因素之一，是对流换热过程的主要影响区域。

另一个应用技术方法是模拟实验技术。当通过数学方法无法准确描述工程问题时，实验是唯一可行的方法。但实验的最大缺陷是通常花费巨大，如果通过上百万次的实验才能寻找到最优结果，是不可接受的。相似理论和量纲分析理论是常用的降低实验成本的方法，两种理论在本质上并无太大差异。在几何中，如果两个三角形相似，可以推论出这两个三角形的很多性质是相同的。同样，某两个事件只要在某些关键参数上一致，这两个事件就是类似的。在这些关键参数中，有些很好理解，如几何形状相似是最容易理解的，可以等比例制造一个小的模型来模拟需要实验的对象。其余反映不同参量之间对应关系的量也是相似理论中重要的量，而这些量一般都是无量纲量，也就是没有单位的量。这些无量纲量大都是以做出卓越贡献的著名人物命名，如马赫数、雷诺数、普朗特数、努赛尔数、毕渥数、格拉晓夫数，等等。这些无量纲量的得出既是基于公式推导，同时又具有明确的物理意义。在实验中，保证尽量多的关键无量纲量相同，是满足相似理论的关键条件。

对流换热的一般规律

对流换热虽然复杂，但也有着简单的规律。一般来说，换热面积越大，换热越快，因此在换热表面安装翅片结构可以提高换热量。但这种表面形状的改变会增加流动损失，对需要额外动力驱动流体运动的场合来说，就需要综合考虑这一因素。简单说就是，需要在加大换热的收益与额外增加的风机耗电之间折中考虑。增加流体表面的流速也可以增加换热速度，代价是会提高流动损失。

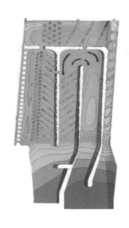

▲　在燃气轮机涡轮叶片中，通过复杂的冷气结构设计，可以将叶片温度显著降低。左图为涡轮叶片模型中的冷气流动示意图，右图是通过有限元计算获得的近似温度分布

航空发动机的涡轮叶片工作在 1500℃，甚至于 1700℃的环境。目前，没有金属材料可以长时间工作在这一温度。因此在设计中，降低涡轮叶片温度是首先要解决的技术问题。涡轮叶片的高温主要来自主流燃烧后的高温燃气，当前的技术方法就是通过在叶片内部冷却、降低叶片外部换热速度两个方面来解决问题。将叶片内部设计为中空结构，通入冷却气体。中空结构中存在复杂的冷却通道，可增加换热面积，提高冷却效果。在设计中，还会使冷却气体高速喷射到叶片内表面，通过提高流动速度强化换热效果。叶片内的冷却空气通过叶片表面的很多小孔喷射到叶片外部。喷射的气体形成一层保护膜，使叶片表面不直接接触高温燃气。再加上表面陶瓷涂层等隔热材料的使用，可以确保涡轮叶片持续工作在高温环境中。涡轮叶片的冷却技术是对传热学理论的极致应用。

传热学发展到现在，已经成为一门纯应用技术的学科。强化传热和削弱传热是学科的主要关注内容。在应用技术学科，实用主义是评判理论优劣的唯一标准。也正是在实用主义的指引下，人们不断应用科学创造着全新的世界。传热学问题几乎贯穿着人类生活的方方面面：发动机需要考虑散热才能安全工作，芯片需要快速散热才不至于烧毁，冬季取暖、夏季制冷都需要换热，从炒菜做饭到金属冶炼都是热量传递的过程。传热学为代表的一类应用技术的发展正在切实地不断改变着我们的世界。当一些伟大的科学家在专注于黑洞、宇宙爆炸、弦论、大统一、凝固态时，不应该忽略那些默默无闻的应用技术研究者。毕竟，我们的富足生活主要来自于他们的不懈努力。

第6章 太阳的温度

"你这伟大的星球啊，如果不曾有被你照耀的世间万物，你的幸福在哪里呢？十年以来，你日复一日地照耀着我的山洞；如果不是因为我，我的鹰和蛇，你一定已经厌倦了你的光芒和你这每日的旅程。"——尼采

2005 年，中国国家文物局正式采用成都金沙"太阳神鸟"金饰图案作为中国文化遗产标志，那一年印有"太阳神鸟"标志的绣品随着"神舟六号"飞船来到太空。"太阳神鸟"出土于我国古代的蜀国金沙遗址，距今已有三千多年历史。"太阳神鸟"代表古代蜀人对太阳崇拜的历史。实际上，几乎在所有古文明图腾中都可以找到太阳崇拜的证据。在近代随着《天体运行论》的出版，哥白尼日心说重新将太阳摆在最神圣的位置，布鲁诺甚至因为坚持日心说而被烧死。有确切证据证明，布鲁诺本人并未认真读过哥白尼原著，关于日心说的思想更多来自于他的想象和他所信奉的古代太阳崇拜宗教。

地心说与日心说的争论以日心说大获全胜而终结。尽管人类至今也没有拍摄到一张太阳系的"全家福"，以证明太阳是我们所处星系的中心，事实上大多数人类生产和生活活动选取地球为绝对参考系更方便，但日心说已经作为绝对真理写入小学课本，也印入了绝大多数现代人的世界观中。

▲ 人类从未从宇宙视角拍摄过太阳系，证明日心说的复杂计算公式也很少有人能看懂，日心说与朴素的太阳东升西落的经验并不一致。尽管大多数人类活动选取地球为绝对参考系更方便，但日心说仍然成为现代人普遍接受的世界观

太阳能的利用

对太阳崇拜的最直接原因就是太阳活动直接影响人类的生活。太阳是地球最重要的能量来源，在人类可以利用的能源中，除地热、核能和潮汐能等少数几种，其余全部与太阳有关。太阳与地球之间的能量传递过程并不难理解，可以把太阳想象为一团熊熊燃烧的篝火，而地球就是围坐在篝火边的你。这就是传热学中第三种重要的传热形式——热辐射。

太阳热辐射可以直接通过太阳能电池板发电或加热热水。如果搜集到的太阳辐射足够多，温度足够高，还可以进行太阳能热发电。水能、风能、生物质能等都是太阳能间接产生的能源。人类对水能和风能的利用大概有两千年的历史，水力磨坊和风车就是对水能和风能的最早利用方式。太阳将低海拔地区的水分蒸发后，输运到高海拔地区变成降水，这是形成河流的最根本原因；太阳在地球上的温度变化，引起大气密度和压力的变化，压力差引起大气运动，产生风。生物质能是太阳进行光合作用的结果。可以说，人类的一切食物都直接或间接来源于太阳能。

　　大规模使用煤炭、石油、天然气等化石能源，标志着工业革命的开始，也使人类真正进入现代化社会。目前化石证据基本可以确定，煤炭直接来源于大量死亡的远古植物，石油和天然气的来源虽然没有明确证据，但很可能部分来源于古代生物化石。而与化石能源发生化学反应所必须的氧气，有直接证据表明，绝大多数与光合作用相关。当光合作用活跃时，地球大气氧含量最高可达 35%，而当光合作用减弱时，氧含量会急剧下降。因此，即使地球大气中的氧气不全部来自于光合作用，但至少是太阳辐射和光合作用维持着现代大气中氧含量的基本稳定。

地球温度的变化

　　太阳能持续稳定地输入对地球生命极其重要。水能、风能和生物质能等几种利用太阳能的方式一般称为可再生能源。确实，虽然太阳也有寿命，但对地球人类短暂的寿命来说，太阳能是最持续稳定的能量输入，也正是这种稳定的能量输入孕育着地球的生命。但从整个地球或太阳系的历史来看，太阳与地球间的能量传递从未稳定过。

　　1815 年，印度尼西亚坦博拉火山大喷发，这是人类有记载以来最强烈的一次火山喷发，大量火山灰和硫化物进入大气层。其中火山灰短期内遮天蔽日的反射阳光，造成局部气温降低；而硫化物经过复杂的化学变化，形成气溶胶并逐渐扩散到平流层。气溶胶一旦进入平流层，由于平流层的稳定气流环境，这些污染物将很难被清除。气溶胶反射太阳光的直接结果就是 1816 年被称为"没有夏天的一年"，太阳光的反射造成全球温度降低，干旱、洪涝、低温等多种极端天气在世界各地发生。农业受到毁灭性影响，造成一系列饥荒、瘟疫和暴乱。

　　在人类历史上，此类强度的火山喷发过数十次，可以估计到，每次喷发对整个人类都是灾难性的。

▲ 在历史上地球气温下降常伴随着战乱、瘟疫，直接影响人类的历史进程

地质研究表明，地球温度一直在持续变化。在5000多万年前，应该是地球近期最热的一次，据估算，北极附近的温度高达20℃。而且，地球也曾经多次变为寒冷星球，最冷的时候，地表温度达到–50℃，海冰厚度达到1000m。当前，我们所处的时代在地球历史上被称为第四纪冰期，也可以说是地球相对寒冷的时代之一。与冰期时代相比，地球在大多数时候是相当温暖的，而每次冰期发生都会带来旧物种的大灭亡和新物种的产生。人类正是在第四纪冰期确立了在地球的统治地位。

黑体与白体

地球表面覆盖着浓厚的大气，其接收和发出辐射的过程都极为复杂。大气和地表都会吸收太阳辐射，同时大气与地表又都会发出辐射。要搞清楚这一复杂过程，首先要对辐射的吸收和发射规律进行研究。

生活经验告诉我们，夏天穿白色衣服比穿黑色衣服更凉快，这是因为黑色衣服比白色衣服吸收的太阳辐射更多。在热力学上，将能吸收全部外来辐射，不会有任何反射与透射的物体称为**黑体**；相反地，将能反射全部外来辐射，不会有任何吸收与透射的物体称为**白体**。

实际上，黑体和白体是为处理问题方便而假想出来的概念。可以认为一个被炭黑包裹只留一个小孔的空窖是一个黑体，因为射入小孔的辐射在空腔内要经过多次吸收和反射，每次吸收和反射后能量都会衰减，只要保证小孔足够小，那么能离开小孔的能量是微乎其微的，这基本满足黑体所定义的透射率和反射率为零。镀银的镜子、磨光的铜镜、铝箔等，由于反射大部分辐射，因此都可以作为近似的白体。但不要以为黑乎乎的物体才是黑体，而闪闪发亮的物体就是白体，这里我们说的是物体本身对电磁波的吸收能力，而不是它自身的发射能力。比如耀眼的太阳由大量气体组成，具有很强的辐射吸收能力，在热力学上一般作为黑体来考虑。

当外来辐射照射到实际物体时，实际物体都会将其一部分辐射吸收，另一部分反射。很显然，实际物体的吸收率会介于 0 和 1 之间，吸收率为 1 的物体为黑体，吸收率为 0 的物体为白体。同理，任何物体都会向外发出辐射，如果物体的温度保持基本恒定，那么吸收的辐射与发射的辐射应该相等。因此，可以得出辐射理论中最经典的**基尔霍夫定律：任何物体的辐射功率密度与吸收率的比值都是常数**。换句话说，一个好的吸收体也是一个好的发射体。

这一定律在工程和生活中应用极广。当需要通过辐射加热物体时，就要尽量提高被辐射物体的吸收率，例如穿着黑衣服可以提高对可见光的吸收率，这样在冬天的阳光下可以感觉到温暖。增加被加热物体表面的粗糙度或涂上辐射吸收涂层，也是常用的增加吸收率的方法。相反地，当物体需要保温时，必须通过降低物体吸收率来降低它的热辐射能力。在工业中，需要保温的管道或容器壁面都涂有闪闪发光的涂层，日用的暖水壶壁面镀银，这些方法都是通过降低吸收率来降低热辐射。对于户外救援来说，薄薄的保温毯其实就是一层铝箔纸，在寒冷的户外，它就可以锁住被救援者的绝大多数体温，效果比厚厚的睡袋或羽绒服还要好。

必须注意的是，在使用基尔霍夫定律时，要足够谨慎。辐射率与吸收率之间的对应关系，只有在相同波长下才会有效。白色的茶杯并不一定比黑色的杯子更保温，白色的杯子只是更多地反射可见光，而热水的热辐射主要是不可见的红外光。因此单单从肉眼可见的颜色来判断，我们无从知晓哪种颜色的杯子更保温。如果带上红外热成像仪，再去观察两个装有热咖啡的杯子，那么更亮的一个就是保温最差的。

▲ 黑色物体并不代表是黑体，白色的物体也不一定是白体，因此无法判断什么颜色的咖啡杯更保温

再论地球的温度变化

由于地球最主要的能量来源于太阳，因此从简单的能量平衡可以确信，当地球接收的太阳辐射量小于地球向外发射的辐射量时，地球会变冷；相反地，当接收的太阳辐射量大于地球向外发射的辐射量时，地球会变热。只有弄清能量平衡的变化机理，才能弄清地球温度的变化规律。

在人类可以观测到的时间内，可以认为太阳到达地球的辐射量基本不发生变化，很显然，影响地球温度的决定因素是对太阳辐射的吸收率和地球本身的热辐射量。

不幸的是，地球的能量平衡系统可能并不稳定。当气温降低时，地球将会被冰川所覆盖，而冰川对阳光的反射会加剧地球变冷。相反地，当气温升高时，冰川消退，裸露的地面会加剧气候变暖。地球上的多次冷暖交替可证实这一点。

洋流、温室气体排放、植被覆盖、火山喷发等众多因素都会影响全球温度，这使得预测温度变化极为复杂。例如海洋中的藻类会影响海洋上空的云量，藻类活跃会释放二甲基硫醚，而这些释放出的物质会帮助凝结成云，云又会反射太阳光造成温度降低。

事实上，我们现在是否处于第四纪冰河时期的末期尚无定论。当各国首脑和科学家们聚集在一起，用近几百年甚至近几十年的气象观测数据论证地球变暖的问题时，似乎故意忽视了，对整个太阳系的历史来说，人类的存在时间是如此微不足道的短暂。

在地球历史上，大约发生过五次生物大灭绝，几乎每次都与气候变化相关。每次生物灭绝都是在短期内发生，有的甚至在几百年内绝大部分生物被消灭。在这些生物灭绝中，是持续温度变化起主导因素，还是突发事件导致温度突变起主导因素，并没有确凿的证据。例如最惨烈的二叠纪－三叠纪生物大灭绝，几乎毁掉全部的海洋生物和绝大部分的陆地生物，但这次生物灭绝的原因很可能是大规模火山喷发。我国峨眉山和俄罗斯的西伯利亚火山都曾持续喷发 100 万年，而喷发时间与生命大灭绝基本一致。

以当前人类所掌握的技术水平来说，如果生活在生物大灭绝时代，也无法延缓生物灭绝的发生，因为面对火山喷发、板块运动、外星陨石等可能导致生物灭绝的主因，人类无能为力。另具有讽刺意味的是，五次生物大灭绝都与地球突然变冷有关，而全球变暖常常伴随着生物物种的大爆发。

温室效应与全球变暖

来自太阳的辐射能量很大部分被大气层所反射，部分用于加热地球。地球大气只会吸收太阳辐射中的少部分。在晴朗的天气，我们所看到的天空是蓝色的，这是大气对波长小于蓝光的可见光吸收与散射的结果。绝大部分未被反射的太阳辐射会透射到达地球表面。穿过大气的太阳光会被大地和海洋吸收或反射。被阳光加热的大地和海洋同样发出热辐射。被地表反射的阳光与地表发出的热辐射一起，经过大气复杂的透射与反射过程后，又将热量还给广漠的宇宙。当来自太阳的热量与返还的热量达到平衡时，地球温度基本稳定。

太阳与地球之间存在巨大的温差，因此太阳对地球的辐射主要以可见光的形式到达地球，而地球向外辐射的方式主要为红外辐射。大气对不同波长的辐射所表现的吸收特性不同。空气主要由 N_2 和 O_2 这两种双原子分子组成，他们对红外辐射的吸收能力不强。但 CO_2、H_2O、CH_4、O_3、N_2O 等大气中的常见气体都表现为很强的红外线吸收能力，这就是通常所说的温室气体。

温室气体就像一层玻璃罩覆盖着地球，使地球温度不至于太寒冷。但在地球变暖越来越受关注的今天，温室气体已经被渲染为洪水猛兽，而减少碳排放已经成为绝对正确的政治口号。自工业革命以来，人类已经向大气中排放了无数的 CO_2，据估算，大气中 CO_2 的含量已经增加了近50%，大气中的 CH_4 和 N_2O 含量也明显增加。温室气体中的 H_2O 也是主要的温室气体成员，其含量无法精确测量。但 H_2O 含量可能是导致地球温度变化最直接的原因，而非其他温室气体。由于 H_2O 的存在，使得建立一个准确的温室气体与全球变暖关系的模型相当困难。

技术进步主义哲学信奉者常常说"科技发展所带来的一切问题都可以由科技的发展来解决"。作为论据，他们常常提到"雾都伦敦"的空气和泰晤士河的污水治理。但如果全局观察就会发现，真正解决这些问题的并不是技术的进步，而是全球化让污染产业转移到了发展中国家。只要有人类活动，就很难避免温室气体排放，温室气体的影响是全球性的，并不会只波及排放温室气体的国家。在特殊的气象条件下，一些国家可能还会在全球变暖的过程中受益，但大多数是受害者。以往发达国家通过将污染较大的生产放在落后的国家，以保持本国青山绿水的做法，在应对温室气体排放问题时变得无效。但当人类已经习惯于以邻为壑，温室气体问题注定成为漫长的马拉松式谈判。

显然现有的技术无力平衡能源需求与碳排放的矛盾。例如风力和太阳能发电，在设备制造阶段会消耗大量的能源并带来环境污染，其结果只是把更多的碳排放和污染转移到设备生产国，并不会实质性减少全球总的碳排放。

需要注意的是，在工业气体排放物中，危害更为巨大的是各种有毒有害气体，如 SO_2、NO_x、二噁英、重金属等，这些物质有的已经直接被证明是剧毒物质，有的会致癌，还有一些会造成酸雨、雾霾等严重生态灾难。即便如此，在部分发展中国家，上述污染物排放依然严重。阻碍低污染技术应用的根本原因是成本。

在科研工作中，对科学研究和技术研究的要求是完全不同的，科学研究以发现真理为目标，强调功利性并不适合；而技术研究以实用作为目标，评价技术可行性的唯一标准就是实用性。富兰克林对雷电成因的研究属于科学研究，即使在现在，如果有气象专家或物理专家提出对雷电机理进行研究，也有必要给予支持。而如果有人申请几亿元的经费建设一个雷电发电的系统示范工程，只有打雷的时候会发出一点电。这样研究项目是否应该支持呢？

费耶阿本德说："连教会都从国家分离出来了，但科学却和国家日益紧密的搅和在一起。"在全球变暖问题日益受到关注的今天，相信科学是唯一可行的解决方案，但相信科学不代表无条件相信科学家们。当技术的理论可行性不足时盲目开展示范会浪费大量经费，得不偿失。

太阳温度的测量理论

读者看到这里可能会很迷茫，到现在为止，竟然还在地球表面研究问题，在地球上怎么解决太阳温度的测量问题呢？很显然，以人类现在所掌握的技术，无法制造一个可以到达太阳的温度计。既然如此，利用地球上被验证的物理定律来测量太阳的温度，是唯一可行的办法。自从牛顿利用力学定律推导出开普勒行星三大运行定律以来，天界再也不是神仙居住的场所。人类已经自信地认为，在地球上经过验证的所有自然规律同样适用于整个宇宙。在这样的自信下，人类已经用这一方法"测量"出太阳的质量、体积、组分，等等。

太阳的温度与热辐射直接相关，通过对太阳热辐射的测量可以推算出太阳的温度。根据斯特潘－玻尔兹曼定律，**"热辐射强度与温度的四次方成正比"**。（此处温度为开氏温度，单位符号用 K 表示）。也就是说，6000K 黑体的热辐射强度是 600K 黑体的 1 万倍，很小的温度差异就会对辐射强度产生巨大影响。根据上面的定律，只要制造一个"黑体"，并在地球大气层外测量黑体吸收太阳辐射的强度，即可测量太阳的温度。

另外，黑体辐射在不同频率下的能量分布满足黑体分布规律，即**辐射能量最大值所对应的频率与温度成正比**。因此，获得太阳能量谱的分布也可以计算出太阳的温度。

水银温度计

红外测温仪

▲ 尽管无法直接用温度计测量太阳的温度，但可以通过测量太阳光光谱来估算，红外测温仪正是利用这一方法进行温度测量

　　幸运的是，用以上两种方式得出的太阳温度基本一致，可以相信，太阳的温度大致为5770K。当然，以上结论以满足"太阳是一个黑体"这一假设为前提。在生活中，常见的红外温度测量仪正是利用辐射频率来测量温度。只需测得人体发射红外线的频谱规律，即可迅速测量人体的体温。如果将其安装在飞机或卫星上，还可以遥感测温，已广泛应用于资源勘探、环境保护、灾害预防、天气预报等领域。

星体的温度

　　太阳温度的测量方法很容易推广。天文学家发现，这一手段可以测量宇宙更遥远的温度。通过对遥远星光辐射频率的分析，就可以大致估算出行星的温度。自从人类将牛顿力学成功应用到天文学中以来，人类已经在宇宙中走得足够远。

　　尽管宇宙学不是科学研究的重点方向，但它是科普作品最喜欢的领域之一。如果你遇到一名小学生，对你侃侃而谈红巨星、超新星、白矮星、中子星和黑洞，不必觉得惊讶，这些知识似乎已经被当成科普知识 ABC。

　　人类一直对虚无缥缈的天界有着别样的好奇心，这也推动着科学不断进步。但熟记科学家们加工过的所谓常识真的有助于培养好奇心吗？在学习科学的过程中，只学会了"是什么"而不是"为什么"。如果小朋友们只是背诵出一些科学结论，作为茶余饭后"炫耀"知识渊博的谈资，那么掌握这种知识还不如记住自己家的门牌号码更有意义。

黑洞的温度

　　提到科普作家，那么斯蒂芬·威廉·霍金绝对是其中最著名的一位。比起霍金在科学领域的贡献，其与病魔斗争的故事和伟大的科普著作《时间简史》更为人们所熟知。

　　根据霍金的遗愿，以他的名字命名的霍金温度公式在他死后被刻在他的墓碑上。在墓碑上刻录自己引以为傲的发现，在科学上具有悠久的历史传统。当阿基米德死于罗马人的剑下后，人们将著名的球体积计算图形刻到他的墓碑上。"数学王子"高斯的遗愿是把内接十七边形刻在墓碑上，不幸的是，他的遗愿被石匠拒绝了，理由是十七边形看着和圆一样。

　　霍金温度公式是用来定义黑洞温度的公式。在理论上，当星体质量足够大时，连光子都不能从其表面逃逸。或者说，由于引力红移，光的频率变为零，光子能量也变为零。因此，黑洞应该是真正的黑体，但黑体辐射定律中已经给出，任何有温度的物体都应有辐射，这与不能有光子逃逸出来在逻辑上矛盾。霍金理论预言出黑洞辐射现象，并利用所预言的黑洞辐射给出黑洞温度的定义。

　　霍金公式简直是一个自然常数的大集合，真空中的光速、玻尔兹曼常数、引力常数、普朗克常数，如果把圆周率也算作常数，霍金公式里就有 5 个基本常数。如果霍金公式能够在他有生之年被实验证实，如此优美的公式应该可以确保他拿到诺贝尔奖。但按照霍金公式计算，质量越大的黑洞，温度越低，质量为地球质量 1/100 的黑洞，辐射温度才接近 1K，而越小的黑洞，寿命越短，想要探测到黑洞辐射几乎是不可能的。

▲ 霍金公式是黑洞温度的定义公式，公式中包括真空中的光速 c、玻尔兹曼常数 k_B、引力常数 G、普朗克常数 h、圆周率 π。霍金温度与日常理解的温度并不是同样的概念，不能望文生义

　　另一个需要注意的事实是，霍金温度与我们日常理解的温度并不是同样的概念。利用霍金温度并不能计算出黑洞的热容是多少，也无法计算黑洞内的对流换热规律。实际上，在知道霍金温度后，我们仍然对黑洞的热力学特性一无所知。

　　在科学中，概念并不是固定的，很多概念想要给出定义非常困难。在不同领域，同样名字的概念其内涵会有很大差异，这些概念是"不可通约的"。原子在化学领域的概念与在量子力学领域的显然不同，而他们所说的原子与古希腊人德谟克利特所说的原子完全没有共同点。亚里士多德说"力是物体运动的原因"，这也成为很多教科书中讲解惯性定律，批判亚里士多德错误的一大"罪证"。但亚里士多德所说的"力"与伽利略或爱因斯坦所说的"力"，真的是同样的概念吗？如果我说："我累得一点儿力气也没有了"，也可能被教科书的编写者大肆批判一番吧。

　　更为容易理解的例子，动物学家所理解的"人"与心理学家、社会学家所理解的"人"完全不同。在动物学家看来，人更多的是生物属性；在心理学家看来，人的主要特征是意识属性；而在社会学家看来，人的主要特征是群体活动属性。

　　"望文生义"是科学外行也就是"民科们"常犯的错误之一。当他们所说的概念与主流科学完全不同的时候，自说自话已经没有讨论的基础。事实上，科学体系的发展已经形成一套独立于日常用语的科学语言，其中很多日常的词汇在科学语言中已经被赋予了新的含义，科学训练最主要的工作就是学会使用科学语言表达。

宇宙的温度

1963 年，年轻的工程师阿诺·彭齐亚斯和罗伯特·威尔逊正在为接收到微波信号天线中讨厌的噪声而烦恼，无论怎样处理，一个波长为 1mm 左右的噪声信号永远存在。无论黑夜还是白昼，无论怎么转动天线，所接收的信号强度都不变。信号如此均匀，而且与 2.7K 温度的辐射谱形状高度一致。至此，宇宙背景辐射和宇宙大爆炸理论才真正联系起来。对宇宙背景辐射的发现堪称理论与实验完美结合的典范。

但在现实中，实验与理论结合并不那么容易，幸好宇宙大爆炸理论早已预言到宇宙暗物质的存在，否则背景辐射很难真正被"看到"。就像当年发现氧气的约瑟夫·普利斯特利一样，尽管认为燃素学说存在极大的误差，并不那么可靠，但并无新的燃烧理论时，他也只能在燃素学说中修修补补。受现有理论认识的困扰，实验者往往只能通过实验看到他想看到的事情，重复验证现有理论，而非提出新的理论。另一个科学史上的案例是氩气的发现。作为空气中含量最多的惰性气体，氩气大约占空气含量的 0.93%，但在科学家们成功分离出氮气、氧气等空气主要成分以后，对氩气竟然长期视而不见。科学史的故事告诉我们，是严谨的瑞利在测量氮气密度时发现小数点后面存在若干位数的误差，经过若干年的细致研究，终于确定是空气中的氩气导致的误差。但亨利·卡文迪什在一百多年前就已经发现空气中存在惰性气体，而且已基本精确测量出惰性气体在空气中的含量，但他的发现却被科学家们在一百多年内视而不见。元素周期理论的提出，再加上现代的精确测试技术，都是推动瑞利发现氩气的决定因素，其中元素周期理论是科学家们"看见"氩气的关键。在元素周期理论下，科学家已经基本发现了全部的化学元素，而在燃素说理论争论的年代，没有理论能支持卡文迪什解释万分之一的误差。

▲ 完全可以给手机输入一段程序，当手机瞄准土星拍照时，画面变出美丽的光环

当实验只能"看到"自己想看的事情时，实验发现的倾向性会破坏其公正性。一个不容忽视的事实是，宇宙背景辐射并不是宇宙爆炸理论的唯一解释，只是实验者的数据完美地"看到了"理论家想要看到的东西而已。很有可能，当新的理论提出时，这种"一厢情愿"的看到将会被推翻并被重新解释。

现代实验的意义

理论研究和实验研究是自然科学探索中最主要的两种方式。早期的理论学家与实验学家并无严格的鸿沟，爱因斯坦、麦克斯韦等著名的理论学家同样从事着实验研究工作。但随着科研工作的逐渐专业化，理论学家已经与实验学家分化为两类人。

爱因斯坦说："**理论学家的结果，只有他们自己相信是对的；实验学家的结果，只有他们自己知道是错的。**"

当诺贝尔委员会匆匆忙忙地宣布，2017 年诺贝尔物理学奖授予引力波的发现团队时，实际上是将诺贝尔奖置于危险的边缘。引力波只是爱因斯坦相对论的一个推论，无论引力波是否被人类探测到，都不影响爱因斯坦理论的正确性。人们常常误认为伽利略的比萨斜塔实验是奠定牛顿力学的基础，而事实上，伽利略可能根本没有在比萨斜塔做过那个传说中的实验，至少没有让人信服的历史证据能证明这一点。而且，如果真的去做实验，伽利略可能会是失败的，因为他过于低估空气阻力的作用。1612 年，亚里士多德的支持者特雷西奥真的到比萨斜塔上做了实验，结果恰恰证明亚里士多德是对的。可惜，他的实验正如意料之中的那样，对物理学进程没有起到一点影响，这件事甚至被淹没到科学史中，鲜有人提及。

▲　没有可靠的历史证据能证实伽利略曾做过比萨斜塔实验，也不是某一个实验使亚里士多德力学体系被抛弃。科学实验在科学变革中的作用常常被辉格式科学史所夸大

　　尽管科学一直以发现错误、更正错误、反复验证、不断接近真理的形象标榜自己，但再也不会有研究机构投入经费在比萨斜塔上重复进行小球落地实验，因为比萨斜塔上的任何实验结果都不会撼动现有的经典力学理论。即使全部的实验结果都证明，在真空条件下，重的小球下落得更快，人们也不会因此推翻经典力学体系，只会说你的实验手段一定是错的。

　　让人奇怪的是，激光干涉引力波实验室（LIGO）的工作就像比萨斜塔的小球实验一样，对理论研究毫无推动作用，却能说服政府获得上亿美元的经费投入。如果 LIGO 团队一直没有发现引力波，那只是说明他的仪器制造得还不够精密，需要政府投入更多的经费支持；当他们成功发现引力波时，那就证明这个团队足够优秀，需要政府更多的经费投入。

可这一切过后，对他们想要验证的爱因斯坦相对论理论产生什么影响呢？当引力波团队成功获得诺贝尔奖后，各国相关领域的专家纷纷在争取科研经费，以参与到引力波的研究中，展望未来，希望建立引力波望远镜观测新天体。幸好没有谈论引力波通信、引力波太空飞船，否则真让人觉得我们生活在科幻世界。

黑体辐射与紫外灾难

"物理大厦已经落成，所剩的只是一些修饰工作。动力理论肯定了热和光是运动的两种方式，现在，它的美丽而晴朗的天空却被两朵乌云笼罩了。"开尔文爵士因他在 20 世纪末关于两朵乌云的演讲而闻名于科学史。其中"一朵乌云"是以以太假说的失败和相对论的发现而终结；"另一朵乌云"是黑体辐射和紫外灾难，以量子力学的建立而终结。

黑体分布的最大值符合维恩位移定律，是通过实验测量所发现的。这与根据能量均分理论推导出的瑞利－金斯公式完全不一致。根据能量均分理论，在高频区域（也就是紫外区域），能量趋于无穷大，其积分也是发散的，这就意味着黑体辐射的能量无穷大。

普朗克通过数值拟合方法来解决这一问题，同时为解释拟合公式，提出了全新的量子概念。他认为在微观领域，能量辐射只能为某一能量值的整数倍，而非连续的。后来，爱因斯坦提出的光电效应理论进一步证实量子态概念是存在的，从此以后，量子力学逐步被建立起来。而遗憾的是，最早提出量子概念的普朗克和爱因斯坦却是后期反对量子力学的人。这可以说是科学史上有趣但又稀疏平常的现象。

牛顿说："我只是一个在河边玩耍的孩子，偶尔捡到了一个贝壳。"

科学家并非天赋异禀的人类，而是掌握复杂科学工具的普通人。有些人学会更高等复杂的数学工具，并具有敏锐的判断力，能将这些数学工具用于新的领域；有些人是靠着勤奋和细致，在不懈的科研工作中被幸运所眷顾；有些人是利用手上拥有的先进测试设备，可以看到普通人所看不到的新现象。

有个孩子在森林中走失了，需要尽快找到那个孩子。在搜寻队伍里有政府组织的警察并带着训练有素的警犬，也有自发前往的市民，还有住在小木屋中的伐木人。最终，孩子得救了，找到孩子的那个人成了英雄。那么下次再发生孩子走失事件的时候，选这个人作为行动总指挥真的可行么？孩子只是碰巧待在他所负责搜索的区域而已，未必是这个人的搜寻技巧更高明。

人们崇拜科学偶像，一旦某位科学家取得重要的科学贡献往往就会被当成这一领域无所不知的专家，甚至在领域外同样无所不知。当专家观点成为真理的评判标准时，我们就已经与真理背道而驰了。

再论太阳温度

物理学的进步已经让人类对太阳有了足够的了解，现在我们已经知道太阳并不是熊熊燃烧的火球，它的热量不是来源于化学反应，而是来源于核聚变。而这也是太阳内部温度计算的理论基础。

上面讲过，辐射测量方法只能测量太阳表面的温度，太阳内部温度无法通过类似的方法测量。目前，太阳内部温度只能通过理论计算进行估计，估算的基本原理就是太阳的引力与太阳的压力相平衡，通过复杂的计算，估计出太阳的温度约为1500万摄氏度。太阳温度的计算结果是否正确？只有证明计算中所使用的理论是正确的，才可以确信计算结果可信。那么，是否可以证明所采用的计算理论是可信的呢？人类根本无法模拟出一个恒星结构那样的实验条件，也无法到行星内部进行实验，事实是1500万摄氏度到底是什么意思都无法理解。

但比起计算太阳内部的温度，更为困难的事情是太阳外围也就是日冕的温度。平时，由于日冕的亮度远小于太阳的亮度，被太阳光芒所掩盖，因此当日全食发生时，人们才会看到日冕的样子。日冕是太阳大气的最外层，结构非常复杂，据估计是由很稀薄的完全电离的等离子体组成，由于密度很低，因此亮度很弱。

最为奇特的是日冕温度。根据辐射光谱测量，日冕最外层的温度最高，可高达200万摄氏度，越靠近太阳中心，温度反而越低。前面已经讲过，太阳大气的平均温度仅为5000多摄氏度。日冕外表的温度远高于内部的温度，这显然颠覆了现有的热力学理论。至今为止，关于日冕的温度也没有让人信服的解释，所有的解释看起来都很牵强。

让人感到奇怪的是，物理学的晴空似乎又被乌云所笼罩，却再也没有开尔文爵士一样的人来把日冕温度之谜看作一朵乌云。

日冕温度的研究现状可以作为一个学习卡尔·波普尔哲学的完美案例。波普尔认为，只有具有可证伪性质的假说才真正具有实际意义。在他的经典例证中，同样是解释迈克耳孙－莫雷实验的结果，亨德里克·安东·洛伦兹认为，是地球上的物体穿过以太运动的方向时发生微小收缩。尽管洛伦兹的收缩理论可以解决原有以太理论与实验不一致的问题，但这一理论只是为解释问题而解释，得不出新的有用预言和推论。因此波普尔认为洛伦兹的理论不符合可证伪原则，应该从科学中剔除。

显然，是相对论的伟大成功让波普尔有痛批洛伦兹的勇气。日冕研究工作及其产生的各种日冕加热理论与洛伦兹当年的工作看上去似曾相识，其结果也只是转化为一篇又一篇的著名期刊论文，却没有人会跳出来质疑这些研究是否只是波普尔所说的那种无意义假说。

以子之矛，攻子之盾。如果超脱于波普尔和物理学家的视野，又会发生另一件有趣的事情。波普尔认为，科学家一旦发现理论无法解释的新现象，旧的理论将会被证伪，科学家们会提出新的理论取代旧的理论。日冕温度这一无法解释的现象难道不是已经证伪现有的热辐射定律么？科学家没有提出新的理论去取代已有被证伪的理论，这不恰好证明，波普尔关于科学可证伪性的论断完全不顾科学发展的实际过程。日冕之谜恰恰"证伪"了波普尔的科学哲学体系。

可证伪性与科学定义

科学是什么？与"温度是什么"一样，是一个关于定义的问题，而对于一个复杂的概念来说，试图庸俗化地进行定义必然会失败。我国古代曾经有过"按图索骥"的故事，讲一个人按照相马书上所写的千里马特征，最终把一个蛤蟆当成千里马。波普尔的可证伪性是当今在论坛上最流行的科学庸俗化定义之一，甚至很多人错误地将可证伪性当成鉴别科学的唯一标准。

首先，不是所有能够证伪的都是科学。预测股票趋势、算卦、占星等很多表述都是明确可证伪的，但这些预测并不能作为科学。预测明天股票上涨，到了明天就可以被验证，但预测过程缺乏可信的理论，与科学方法完全不同。如果凡是可证伪的都可作为科学，那么，搞科学只需要信口胡说即可，证伪一个再胡说另一个就行了。

其次，大多数科学都是不可证伪的。恐龙的灭绝原因不可证伪，因为无法回到过去；太阳的剩余寿命预测不可证伪，因为太阳寿命终结也意味着人类灭绝；进化论难以证伪，因为"适者生存"缺乏严格的定义。如果再稍微仔细分析就会发现，大多数物理定律无法证伪，能量守恒定律、牛顿三大定律、相对论等都无法证伪，因为无法脱离这些定律设计一个实验验证定律。

最后，正如日冕温度之谜一类问题所展示的，科学家们从未将证伪现有理论作为研究目标，大多数研究工作都在试图完善发展现有理论，而非去证伪现有理论。

因此，把科学庸俗地用不可证伪作为主要特征并不可取。不可取的原因并不是因为定义本身错误，大多时候定义无所谓对错，只有"好"或"坏"。就像千里马的例子，如果千里马只是一个名字，这只蛤蟆姓千名里马，并没有什么问题。但如果将千里马同时赋予奔跑速度飞快等属性，这时，蛤蟆被称为千里马显然不再适合。当我们将科学等同于正确时，随意定义科学必然会产生混乱。

日常我们会使用"科学决策""科学管理"等说法，在这里"科学"并不是一个名词，而是形容词，是基本等同于"正确"的一个褒义词。在这样的语言环境下，如果将可证伪性作为科学的主要特征，必然会产生极大的混乱。科学可证伪意味着这样的科学是不正确的，这与我们的日常科学使用习惯完全不同。

就像如何定义猫一样，庸俗地称之为四条腿、有尾巴、捉老鼠的动物必然是不成功的。当被反问尾巴断了的猫是否称为猫时，将无所适从。认识什么是猫容易，但给出猫的定义极其困难。而定义"科学""温度"这些更为抽象的概念更为困难。

不应对任何名词轻易给出定义，这正是本书一再小心谨慎，不敢轻易定义温度的原因。

研究太阳的意义

如果一个功利主义者突然对科学家发难，你们研究太阳温度的意义何在？对太阳温度的测量只是对基本热力学定律的一个应用而已，测量结果真的可信么？尽管我们通过对太阳温度进行计算实现了氢弹的爆炸，甚至在地球上完成过数次短时间的可控核聚变，但这似乎远远不够。

功利主义或许是正确的，但在无意义的思考中，无意发现有意义的理论恰恰是人类科技进步的源泉。准确预测行星的运行轨迹又有什么意义呢？第古·布拉赫和约翰尼斯·开普勒等对行星轨道的研究竟然只是为了更精确的占星。占星术当然不可信，是典型的迷信，但研究无用的占星却带来了近代科学的启蒙。

曾经有数名天文学家、物理学家、数学家领衔发动反对占星术的签名活动，其中包括多位诺贝尔奖得主。这些人反对占星术的原因是它源于迷信。可能这些科学家已经忽略或者故意忘记了，正是当年对占星术的痴迷，通过对行星的不断观测使得日心说和牛顿力学得以确立。人多势众的专家和诺贝尔奖得主是否代表真理呢？如果占星术是错的，按照科学惯例，只需要一位名不见经传的学者在杂志上发表一篇论文就足够了，何需上百名专家联署签名呢？这次联署签名活动与当年教会学者对哥白尼异端思想的谴责何其相似，一直以被教会打压形象出现的科学，在掌握话语权后一样不吝惜地对其他"异端"进行凶狠打击。就像前面所说的，专家并不代表真理。

我无意为占星术做任何辩护，占星术可能还对应着诈骗等刑事案件，但即使这样，让警察和法官去处理就好了。当看到专家们在公共事务上联署签名、发表声音时，比起公众在这些问题上的无知，更应该时刻警惕的是，专家们将自身当成了真理的化身。

人类是如此幸运，太阳系并非只有我们一个行星，否则我们一定还生活在农耕社会。只有开普勒的椭圆轨道定律才能解释其他几个肉眼可见的行星运行轨迹；地球的卫星——月亮，是我们测量宇宙中距离最重要的尺子；伽利略用望远镜观察到了木星的卫星，沉重地打击了地心说。幸好我们在太阳系中并不孤单，才推动着现代科学的进步。

迄今为止，我们对太阳系仍然知之甚少。

最后，继续以尼采的诗结束本章的讨论。

"每天清晨，我们都一如既往地等待着你，以获得你充裕的光辉，并为此祝福你。看啊！我就像那采集了过多蜂蜜的蜜蜂一样，已经厌倦了我自己的智慧，现在我只需要有人伸出手来接取我的智慧。"——尼采

第7章　理想气体的温度

　　上帝也无法违反最根本的自然规律，他不能创造一类不是物种的动物，也不能画一条通过圆心但不等分圆的直线，更不能画出一个内角和不等于两个直角的三角形。——托马斯·阿奎那

　　两个天使不能同时处于同一个位置——托马斯·阿奎那

　　与固体和液体相比，气体的温度更容易研究，而且气体温度变化的实际工程意义最大。气体具有可压缩和膨胀的性质，几乎所有涉及热与功转换的机械都会以气体为主要工质。工质就是热与功转换过程中的媒介物质。从蒸汽机发明开始，人类就以气体为工质实现了工业革命，内燃机、汽轮机、燃气轮机等都是利用气体的热膨胀性质来做功的，空调、冰箱等也是利用气体的膨胀性质来实现制冷的。

理想气体的性质

　　对于气体来说，最基本的三个状态量是温度、压强和密度（体积）。在早期，这三个状态量之间的关系是通过实验发现的，被称为理想气体三定律，分别为玻意耳定律、盖吕萨克定律和查理定律。其实三个定律定义了同一件事情，也就是对给定成分的气体，当温度、压强和密度三个量中的两个确定了，另一个也将是确定的。以今天科学家所掌握的实验技术手段，这种三个变量的问题是最容易研究的。

　　理想气体三定律给出的方式是类似的，就是固定其中一个量，通过测量获得另

外两个量之间的变化规律。玻意耳定律固定温度不变，发现体积与压强成反比；盖吕萨克定律固定压强，发现体积与温度成正比；查理定律固定体积，发现压强与温度成正比。必须注意的是，盖吕萨克定律和查理定律里面提到的温度并不是摄氏温度，而是现代科学中作为温度标准单位的开尔文温度，也称开氏温度。

按照国际标准的定义，开尔文用符号 K 表示，与摄氏度之间相差 273.15。0℃ =273.15K。273.15 不是通过计算得到的数值，最初是盖吕萨克等实验测量出来的，但又不是完全实验测量的值。实验测量值会随测量手段而改变，随测量精度提高而变化，但开氏温度与摄氏温度之间的变换常数 273.15 是作为定义提出的，不会因测量精度的变化而改变。这就像前面所说的水的冰点可能不是 0℃，沸点不是 100℃，但水的三相点温度已经被定义为 0.01℃，同时，将水在三相点时的开氏温度定义为 273.15K+0.01K=273.16K。

在使用开氏温标后，最显著的优势是气体性质满足了线性比例关系，而线性比例关系是物理学中使用起来最为方便的物理规律。欧姆定律和胡克定律是最容易想到的两个线性比例关系定律。欧姆定律认为，电压与电流成正比，胡克定律认为，弹簧变形与所受的力成正比。开氏温度的建立并不是为了满足线性比例关系这样简单，对开氏温度本质的再理解需要对热力学定律的更深入认识。

什么是理想气体

什么是理想气体？又到了需要下定义的时刻。如果你一直被本书中的内容引导，那么相信现在你已经有了下定义恐惧症。为完成一个物理定义，常引出更多需要定义的新物理概念。但其实并非所有的定义都那样困难。假想出一个名词，只是为了定义而定义的时候，就会无比简单。

如果让我定义什么是狗，说实话，真的超出了我的能力范围。我不知道对狗的精确定义是否需要遗传学方面的高深知识，我也不知道狼与狗杂交的后代是否定义为狗。在宠物爱好者、畜牧专家、兽医等不同群体中并没有形成对狗的统一定义。或许主张唯实论的柏拉图主义者可以试图给出一个众人都接受的定义吧。祝他们好运。

▲ 凭空想象出来的麒麟、龙、独角兽、天使等由于并不真实存在，对其定义反而简单。而对狗、猫、鸟、鱼等真实存在的事物来说，想要给出精确的定义相当困难。当要求画家画一条狗时，他并不知道你要的是什么

但如果让我定义什么是麒麟就没那么难了。麒麟：长着可怕的大头、身子巨大、长尾巴的一种怪物，会游泳、能吐火、能腾云驾雾。麒麟吃什么？杂食动物，什么都吃，还特别能吃。麒麟怎么繁殖？哺乳动物，麒是雄性，麟为雌性，交配后怀孕生子。

读者和我一样都见过狗，却无法给出狗的精确定义。没人见过麒麟，为麒麟下定义反而显得容易许多。

当虚无的定义需要现实意义时，就不一样了。上帝被定义为全能的存在，在天主教建立初期并无问题。但当教会需要通过经院哲学来统治思想时，这个定义就不能那么简单了。全能的上帝能否造出一块他自己搬不动的石头？针尖上能站几个天使？这样的逻辑问题必须要给出回答。当人人都觉得自己理解了上帝是什么的时候，给出上帝的定义就会变得十分困难。要么统一思想，让教会利用强权获得对上帝的唯一定义权；要么就眼睁睁看着教会不断分裂，在不同定义指引下，人们选择自己信奉的教派。众人所信奉的虽然同为上帝，但定义已经完全不同。

理解了上面这些，就不会对理想气体的定义问题焦虑了。说实话，或许我连什

么是气体的定义都不清楚，至少不是三句两句能说清楚的，但还是对完成理想气体的定义有信心。

理想气体方程为：$pV=nRT$，n 为气体摩尔数，R 称为气体常数，约为 $8.314 \mathrm{J} \cdot \mathrm{mol}^{-1} \cdot \mathrm{K}^{-1}$。**满足理想气体方程的气体称为理想气体。**

怎么样，是不是很容易呢？有了理想气体的定义，理想气体的性质也就很容易理解了。理想气体三定律是理想气体方程的简单推论。但不要高兴得过早，理想气体并不是麒麟兽，定义理想气体不是为了好玩或为了祥瑞。实际上，理想气体在理论热力学中的地位相当重要，有一多半的热力学概念都和理想气体相关，而理想气体常数的地位更加重要，它与多个物理学基本常数相关，其中玻尔兹曼常数和斯特潘 - 玻尔兹曼常数都依赖于理想气体常数。对理想气体常数进行精确测量的努力从未停止。

理想气体是并不存在的空中楼阁，但却是整个热力学系统最重要的基础概念。后人的众多工作都是在这个空中楼阁上不断地添砖加瓦。

理想气体有什么用

传说，欧几里得的学生问他，学习几何学有什么用处？欧几里得让人拿给他几个金币说：你要的是金币么？当然，这个故事也像众多辉格科学史一样，是可疑的，而且这并不是一个好故事。对实用主义者只是一味地嘲讽并不是有效的反击，也不会激发更多人产生学习几何学的热情。

几何学的作用对现代读者来说不难理解。最初，几何学可能起源于农耕社会对土地的测量，在建筑中也会用到几何学。显然，测量金字塔的高度等古老故事不能概括几何学的全部用途。但这里，我要说的不是几何学的用途，而是几何学与麒麟兽的关系。

几何学基本公理包括了点、线、圆、直角、平行线的定义，而这些概念在现实中并不存在。没有人能画出几何中的一个点，因为根据定义，点没有大小；也没人能画出一条线，因为线没有宽度。世界上没有真正的圆形，哪怕是最精密的轮子也不会是圆的；也不可能存在直角和平行线。从这样的意义上来说，整个几何学研究的只是不存在的假想概念,与麒麟兽并无两样。

理论模型与现实的一致性和差异性一直是哲学所需要思考的难题。数学可以进行纯逻辑研究,以构造出完全不存在的假想模型。例如,把欧几里得几何的第五条公设做一点点改变,就会诞生黎曼几何和罗巴切夫斯基几何。这些非欧几何在诞生之初,真可以被看作凭空想象出来的"麒麟"。高斯虽然发明了非欧几何,却因为无用而放弃了。托马斯·阿奎那觉得连上帝都无法让三角形内角和不为180°,但他没想到数学家是完全可以的。"三角形内角和为180°"这一与第五公设等价的公理,在非欧几何中是不成立的。

数学家完全可以通过定义任意公理来建立新的几何学,只要新定义的公理之间不存在逻辑矛盾。非欧几何并没有现实经验与之对应,至少在创造之初是没有的。数学家和上帝一样,仍然不能造出"他们所不能造出的东西",除此以外,在数学领域他们就是上帝。

但物理研究总是"标榜"研究对象的客观实在性,不承认所研究的对象是基于不切实际的想象。实际上,所有的物理理论都是建立在理想模型的基础上,也只有在理想模型的基础上,才能继续开展理论研究工作。

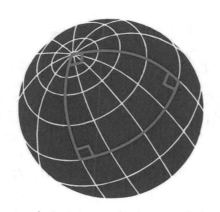

▲ 在球面上,三角形可以三个角都是直角。阿奎那说上帝都不能让三角形内角和不等于180°,但这在非欧几何中可以轻易做到

如果说归纳是科学研究的实验数据收集阶段,那么提出理论模型就是使科学真正成为成熟学科的过程。当前,众多科学学科中仅有物理学等少数学科完成了理论模型建立。从牛顿力学的惯性参照物和质点开始,物理学不断建立理论模型来避免通过无数次的实验,一点点积累总结经验。如果有人宣称做出了一个永动机,那么科学家们根本不需要查看他所提供的资料,就可以断言这是个骗子。作为反例,在缺乏理论模型的生物学,当有人宣称在新大陆发现了长着鸭子形状嘴巴的哺乳动物时,认为这是一个骗局的生物学家们可悲地失败了。

理想气体假设正是热力学引入的第一个理想模型，而这个模型是热力学宏观与微观紧密联系的纽带。只有在理想气体模型的基础上，才能开展后续的分子动理学研究，用分子的统计力学特性解释宏观热力学问题。也因此热力学的各种现象得到了不依赖于实验的理论解释。

理想气体的假设

对于学生和工程师来说，可以把理想气体假设当作研究气体宏观性质的一种简化。对于实际气体来说，温度、压强与体积之间可能存在着复杂的函数关系，三个量之中确定两个，另一个即可确定。

$$p = f(T, V)$$

而理想气体方程可以作为这一函数关系的简化形式。但理想气体的作用并不只这么简单，它能变成宏观与微观的桥梁，与理想气体的微观证明有关。

理想气体的微观假设认为气体是由分子组成的：①**分子只是质点，没有大小**；②**分子间没有相互作用力，既不吸引，也不排斥。**

在以上两个假设下，可以将气体简化为许多独立的细微粒子，这些粒子可以与壁面及彼此之间不断碰撞。通过一个不算复杂的推导，可以证明气体速度分布符合高斯分布，也叫作麦克斯韦 – 玻尔兹曼分布。麦克斯韦和玻尔兹曼是统计热力学中最重要的两个奠基人，同样不被承认，同样的命运多舛。他们的工作为统计力学奠定了坚实的基础，并成功应用到热力学中。

统计力学的原理并不复杂。如果认为大量粒子组成物质，而对每一个粒子进行力学计算是不可能的，但如果粒子数量是巨大的，那么其性质将满足统计学规律。这就类似于没人能预测某一枚抛起的硬币是正面还是反面，但是可以预测抛出 1000 枚硬币时，正面与反面的数量基本是一样的，且硬币数量越多，相对差异越小。

有了统计力学的工具，理想气体模型就有了旺盛的生命力。尽管理想气体假设并不完全成立，例如在低温情况下，分子间会有吸引力，在微观情况下，相对论效应和量子效应也是必须考虑的，但这不妨碍理想气体模型能通过必要地修正解释更多的现象。

理想气体的温度

在理想气体假设下，定义温度并不复杂，只需要引入系综假设。如果有一瓶气体处于热力学第零定律所规定的热平衡状态，那么这意味着什么？根据系综假设，这意味着在这个瓶子的任意位置，气体都不互相交换能量。也就是说，在统计学意义上，部分与整体是完全一致的。在严格意义上，系综假设可能并不成立，因为如果处处均匀就不可能存在分子碰撞而引起的花粉无规则运动。布朗运动现象表明，总会存在某种不均匀。但大多数情况这一假设是可以接受的。

在系综假设下可以推导出理想气体的温度分布符合高斯分布规律。高斯分布也叫作正态分布，是统计学中最重要的发现之一，原 10 马克就印有高斯头像和他最引以为傲的发现——正态分布曲线的图案。概率论被认为是应用最广泛的随机分布形式。当一个量由很多独立未知的随机因素决定时，常呈现正态分布规律。由于理想气体的速度分布是由全部气体的分子间碰撞所决定的，为典型的多个独立未知因素，因此符合正态分布。实验误差、加工公差、考试成绩、身高、体重等很多统计数据都满足正态分布规律。

▲ 在德国的 10 马克中，以高斯的头像与正态分布曲线为图案。图中的正态分布曲线是科学中常见的概率密度分布规律

正态分布只由两个数即可决定——标准差和方差。由于静止气体各向同性，其速度标准差为零，因此方差是唯一可变的量。

定义沿着任意方向的气体速度分布方差为

$$\sigma^2 = k_B T/m$$

其中：m 为一个气体分子的质量；k_B 称为玻尔兹曼常数，约为 $1.3807 \times 10^{-23} \mathrm{J \cdot K^{-1}}$。
而 T 就是我们最为期待的温度。到现在，气体的温度终于有了一个确切的定义，尽管这一定义只适用于并不存在的理想气体。如果把理想气体比作假想出来的天使，那么我们至少获得了天使温度的定义方法。

理想气体性质的证明

要进一步理解理想气体温度定义的意义，可能需要必要的数学知识，但即使没有也问题不大。就像学习大多数学科一样，数学证明的事情留给懂数学的就好，比起繁琐的证明，读懂证明过程中所引入的假设和基本结论即可。

读者就像一个审理刑事案件的法官，不必去了解法医进行 DNA 检验的原理和细节，更应该关注的是 DNA 采样程序是否合法，提取的样本是否与案件具有逻辑相关性，以及最终的 DNA 比对结果是什么。

根据数学推导，**分子平均动能与 $k_B T$ 成正比**，也就是说分子的平均动能只与温度相关，换句话说，温度高低决定了分子的动能大小。

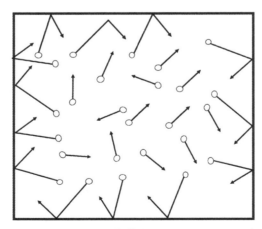

▲　在理想气体假设下，可以将气体温度等价为分子的平均动能，将气体压强等价为分子对壁面碰撞所产生的冲击力

气体压强被定义为气体对壁面的正压力与接触面积之比。假设气体是由分子所组成的，而分子是具有弹性的小球，这些小球与壁面不断发生弹性碰撞，所产生的冲量被认为是气体对壁面的压力来源。

如果把温度解释为分子的平均动能，压力解释为分子对壁面的冲量，可以推出上面所说的理想气体方程：

$$pV=Nk_BT=nRT$$

其中，大写 N 为气体分子数，小写 n 为气体摩尔数，$N/n=N_A$，为阿伏伽德罗常数，约为 6.022×10^{23}。

通过上面的公式，物理学中的三个重要基本常数——理想气体常数 R、玻尔兹曼常数 k_B 和阿伏伽德罗常数 N_A 联系在了一起。可以推导出 $R=k_B \cdot N_A$。这三个基本常数都十分重要，但又都很难测量。

物理常数的定义

基本物理常数是物理学理论中被认为不变的和具有普适性的一组数，也是整个物理学大厦的基础，很多物理常数就是物理定律本身。例如，万有引力常数 G 和真空中的光速 c 分别是牛顿天体物理学定律的基础和爱因斯坦狭义相对论的基础。另有一些常数是表征某种物质特性的常数，如电子电量 e。按照物理定律所规定的，物理常数应该是不变的。也就是说，无论什么时间、什么地点、什么外界条件，这些基本物理常数都是确定不变的。

物理中的很多量是人为约定的，例如：标准大气压力为 101325Pa，水的三相点为 0.01℃（273.16K），^{12}C 的相对原子质量为 12。但通常意义上，只能定义物理常数的性质，不能定义物理常数的数值。这就像我们知道圆周率是圆的周长与直径的比值，但无法人为约定圆周率的数值是多少。

但凡事均有例外，当某一物理常数被发现，约定其数值在物理体系内不会产生系统矛盾时，就会遇到被约定的"悲剧"。例如，热功当量在焦耳时代是被当作物理常量发现的，但后来人们发现，热功当量的本质就是对水的比热进行测定，于是热功当量被定义为 4.1840。而被准确定义的结局是"不幸"的，在国际标准单位中，已经将"卡"删除。因此从某种意义上来说，热功当量已经和 1 英寸等于 25.4mm 一样，变成了一个单位的换算关系。就像测量 1 英寸为多少毫米已经没有意义一样，测量 1 卡等于多少焦耳也不再具有实际意义。

1英寸到底是多长，我一定要弄清楚

另一个例子是光速，众所周知，迈克耳孙的光速测量实验被认为是确定光速为常数的实验，但大多数人可能忽略的是，现在再测量光速已经没有意义，因为在新的国际标准中，1m 被定义为光在真空中运行 1/299792458s 的距离。也就是说，光速也已经被作为定义确定下来，不再是需要测量的量。在新的定义下，已经不必再去巴黎博物馆寻找那段长为 1m 的金属杆校准尺子了。当激光

▲ 当 1 英寸等于 25.4mm 作为英寸的定义给定时，任何试图通过测量校准英寸长度的努力已经不具有意义

测距仪已经成为最精确的长度测量仪时，想**通过实验证明相对论的光速不变假设是错误的已经成为不可能**，因为当前无法找到独立于光速不变假设的更高精度的距离测量设备。

如果物理定律是自洽的，那么无法通过实验来证伪，因为任何物理量的测量都依赖于现有物理定律。以牛顿定律为例，至今初中课本上还在讲伽利略斜面实验验证了牛顿定律云云，但事实真相显然不是这样。

牛顿第一定律也就是惯性定律："**任何物体都会保持匀速直线运动或静止状态，直到外力迫使它改变运动状态为止**"。那么，如何设计一个实验以验证这一定律呢？任何测量力的装置都依赖于牛顿第一定律，因为牛顿第一定律的本质就是力的测量定律。这一定律还可以表述为："**物体保持匀速直线运动或静止状态时，其所受的合力为零**"。根据这一定律，要测量某一物体所受力的大小，只需要用一个弹簧秤在反向拉着物体使其保持静止（或匀速直线运动）状态，这时弹簧秤的读数即物体所受力的大小。这就是弹簧秤测量一个物体受力的原理，也是所有测力装置的原理。

▲ 牛顿第一定律的本质是力的测量方法的定义，可以使物体处于"静止或匀速直线运动"状态，由此利用"合力为零"的关系式测量（计算）出未知力。但牛顿第一定律无法通过实验验证，因为无法用牛顿第一定律以外的方法确定物体处于"合力为零"的状态

而牛顿第二定律表示为："**物体的加速度 a 与物体所受的合力 F 成正比，与物体质量 m 成反比**"。$F=ma$。那么，这条定律如何验证呢？合力 F 可以借用第一定律测量，物体加速度 a 可以通过测量距离与时间来计算，但质量 m 如何测量？如果你想到的是天平测量质量，那么不要忘了，天平测量依赖于万有引力定律，根据万有引力定律的简化推论才能得出质量相等的物体重力相等的结论。如果想要验证万有引力定律，又需要更多其他的定律。最终，相对论和高能物理研究发现，运动状态下的物质质量竟然是可变的，而牛顿第二定律是测量运动状态下粒子质量的唯一方法。

至此，牛顿第二定律的秘密才被发现，牛顿第二定律其实给出了物质质量的定义——"物质所受外力与加速度的比值称为物质的质量"。

物理研究的复杂性在于，有时候很难确定"先有鸡，还是先有蛋"。焦耳等确定了热功当量可能是个常数，而能量守恒定律将热功当量变为了规定值。迈克耳孙等的实验确定了光速可能是不变的，而狭义相对论的建立使得光速"无法改变"。

是否存在光速可变的可能性呢？如果在相对论体系下是不可能的。速度无外乎距离／时间，但距离和时间都可以重新定义。可以认为改变的是光速，也可以认为改变的是距离或时间。在这里，光速不变作为初始约定的定义出现，而定义是不必检验的。当基于光速不变原理的精密测量仪器出现后，其无法替代的优越性让这一仪器成为测量距离的基准仪器，这时为方便起见，光速就会作为定义值出现。

物理常数真的是常数吗

既然很多物理常数已经作为初始约定，无法再检验，那么一旦物理常数发生变化世界将会怎样？在科学家们的思想实验中就曾经设想过，某个调皮的精灵在一夜间将物理常数偷偷改变了，世界将会怎样。物理常数突然改变将会马上被察觉到，会天下大乱。例如，万有引力常数突然被扩大 10 倍，太阳将会塌缩为一个黑洞，地球也将消失。如果光速突然扩大 10 倍，所有尺子与激光测距仪的测量就无法对应，核电站会因为发热量突变发生融堆爆炸，引起可怕的灾难。

思考各种物理常数发生变化后世界会怎样，很有趣，读者如果具备相应的物理知识，也可以尝试一下这样的思维游戏。

不管怎样，幸运的是，没有调皮的精灵偷偷改变物理常数，人类没有被毁灭。但是如果物理常数的改变是缓慢的，缓慢到无法通过现有技术测量，那么物理常数的改变将无法被发现。假如万有引力常数缓慢变化，缓慢到无法区分现代的测量结果与卡文迪什测量结果的差异是因为测量精度不同，还是引力常数本身发生了变化。人类就将永远无法发现这种缓慢的物理常数变化。因此物理常数不变是因为无法检测，并不是有切实证据证明这些参数是确定不变的。

测量与物理常数

物理常数与测量手段直接相关。当某一测量手段足够成熟，精度也足够高时，即可以考虑将这一测量手段所依赖的物理常数定义为固定值。例如前面所讲的将光速作为确定值来定义长度，这样就不再需要既不方便又不实用的国际米尺原器了。随着物理常数测量精度的不断提高，国际千克原器被替代只是时间问题。（2019 年，国际计量大会已通过确定普朗克数将质量定义下来，使用国际千克原器已成为历史。）

在我国古代，秦始皇统一六国后第一次统一了度量衡。在测量精度不高，甚至没有科学的年代，只要做出几把标准的尺子和秤砣就足够统一单位，以往采用国际标准器作为度量标准正是基于这样的思路。制作一个合金金属杆，规定它的长度为 1m；制作一个金属球（后来使用单晶硅），规定他的质量为 1kg。但金属长度会受温度影响而变化，保存再好的金属球也会被腐蚀、污染，这种古老的方式已经不适合现代科学对测量精度的要求，寻找替代方案是迟早的事。比起用金属球作为质量标准，原子的质量、电子的质量、中子的质量等这些量看上去更可靠。

在本质上，测量就是将不可观测量转换为可观测量的过程。我们前面所讲的温度测量正是这样的过程，通过长度、压力、电阻等可观测量，利用物理定律转化为对温度的测量。可观测量与不可观测量间的转换必然依赖于确定的物理常数。

日晷可以算作最早的时间测量装置，尽管制作日晷的古人并不了解是地球自转导致日影有规律地变化，但却成功应用了这一规律。日影的变化是可观测的量，通过日晷上的刻度可以确定日影的转动角度。确保日晷正常工作的前提是，地球的自转速度是恒定的（公转速度也必须恒定）。在日晷的测量精度下，地球自转速度为定常的假设既有效又方便。但地球自转速度的定常假设与牛顿力学定律并不一致，按照角动量守恒定律，地球上发生的任何质量移动过程都会影响地球的旋转速度。河流流动、冰川融化、地震、火山、造山运动等都会对地球旋转速度产生影响。观测表明，水库蓄水这一普通的人类活动就会对地球转速产生可观测的影响。日晷的使用需要依赖太阳，夜间无法使用，很不方便。但以地球自转速度不变为基本假设的时间系统，在除精密科学测量的绝大多数领域都满足要求。后来出现的各种计时工具，如沙漏、摆钟、机械手表、石英表、电子表等，这些计时工具都利用了某种不变的物理常数，例如摆钟需要重力加速度不变。原子钟由于测量精度最高，所以被作为时间的定义方式，其主要原因在于光子跃迁频率比地球转动速度更为稳定。

只要能找到更可靠的物理常数及高精度测量方式，就可以改变物理单位的定义方式。

物理常数的测量

物理常量众多，而常量之间存在互相关联性。例如理想气体常数 R、玻尔兹曼

常数 k_B 和阿伏伽德罗常数 N_A 具有关系 $R=K_B \cdot N_A$。一方面，由于每一个量的测量都会存在误差，因此 3 个量之间必须确保自洽性；另一方面，在测量物理常量时，常常要依赖其他的物理常量。如果物理常数相互影响，那么在实际应用和测量中会极不方便。

当前的做法是，根据不同物理常量的测量精度不同，对其进行必要的分级，有一些物理常量测量精度足够高，可以近似认为是"精确"量，称为"辅助常数"；还有一些具有一定精度的物理常数称为"平差常数"。通俗地讲，就是用测量误差相对较小的"精确"级和"辅助常数"级常数作为基准。这种对物理常数的区分方法称为最小二乘法平差。当不确定度足够小时，这一物理常量就可以考虑作为定值约定下来，并以此为单位定义基础。用新定义替换旧定义，不仅是技术问题，还涉及复杂的协商。

协商解决同样是科学中解决问题的方式，也是最常用的解决方式。这与辉格科学史中所创造的那种历史——某一个伟人提出石破天惊的结论并迅速导致科学发生革命，并不一致。

▲ 1983 年，国际计量大会（General Conference of Weights & Measures，CGPM）将真空中的光速作为常数确定下来，并以此为基础对米进行重新定义。2019 年，在国际计量大会上，玻尔兹曼常数被确定下来，并以此为基础对温度进行重新定义

理想气体常数测量与针尖上的天使

在物理常量中，最难以测量的量大概可以算作引力常数了。这个数实在太小了，测量时的影响量太多。300多年过去了，目前的测量精度较当年卡文迪什利用扭秤所测量的精度并未提高很多，且扭秤依然是至今测量引力常数所能依靠的最高精度测试设备。

而理想气体常数一直是另一类难以精确测量的量。我们已经知道，理想气体就像麒麟或者天使一样，是科学家假想出来的，并不真实存在。如果有人需要测量麒麟的重量，或者针尖上站着几个天使，这是否可能呢？长期以来，掌握科学话语权的一方将中世纪神学家讨论针尖上能站几个天使作为神学家们无所事事的证据，但却不知道科学同样需要研究类似的问题。象棋高手整天研究怎么吃掉对方的马或兵，这与实际的战争毫无联系。国际象棋与中国象棋中马和兵规则并不相同，那么中国象棋选手是否可以因此嘲笑国际象棋选手是在做无聊的工作呢？

▲ 理想气体并非真实存在的气体，理论上无法对其测量。但类似于第1章纯净水温度的测量，可以通过某种定义将某种测量等价为理想概念的测量

理想气体状态是科学中的重要假设，尽管无法获得真正的理想气体，但可以找到某种最接近理想气体性质的气体，并将其作为实际测量用的理想气体。根据理想

气体的微观假设，当气体满足：①分子只是质点，没有大小；②分子间没有相互作用力，既不吸引也不排斥时，可以称为理想气体。当气体足够稀薄时，由于分子自身体积占比很小，可以近似认为没有大小，因此满足假设①；由于分子数量很少，分子间间距很大，可以认为分子间距离小于分子间发生相互作用力的距离，因此满足假设②。惰性气体为单分子结构，最接近一个质点，将接近真空的惰性气体作为理想气体，测量其气体常数与压力变化之间的关系，通过计算来推算出当压力为零时的气体常数值，这个数值就被作为理想气体常数。

早期的测量方法通过固定气体温度，不断降低气体压力，测量气体压力与体积间的变化规律，并以此获得理想气体常数。这是最容易理解也最直接的方式，但缺点是低压条件下的气体压力很难精确测量；部分气体会被容器壁面吸附而影响体积测量结果。精确控制温度的同时需要精确测量压力和体积，这使得测量很难提高精度。

当前最高精度的测量方法利用理想气体音速公式，通过测量理想气体音速来获得玻尔兹曼常数。这一测量方法的好处是不必精确测量气体的实际压力，壁面吸附效应也对测量结果影响不大。这一测量方式潜力巨大，随着精度的不断提高，用玻尔兹曼常数（理想气体常数）定义开氏温度成为可能。如果规定玻尔兹曼常数为 $1.380649 \times 10^{-23} \mathrm{J \cdot K^{-1}}$，那么理想气体的音速与温度将一一对应。如果通过测量音速来确定温度，那么三相点等一系列温度定义方式将会被改写。就像铯原子钟被作为标准时间定义后，1 天不再是精确的 24 小时，而是偶尔会多出一秒一样。采用新的温度定义方式，水的三相点也将不再是精确的 273.16K。

理想气体的悖论

至此，基于理想气体这一桥梁，温度可以被重新定义，而且具有了物理意义。温度与理想气体的速度分布规律直接相关，甚至还可以找到测量理想气体温度的方法。但理想气体的概念中存在着逻辑矛盾，理想气体假设理论只有在平衡态才会成立，因为这时候的气体分子才会充分碰撞并达到正态分布。但在实际使用中，人们常常有意或无意地忽略掉这一点。

例如要想推导理想气体音速公式就必须引入音速传递为绝热过程的假设。牛顿认为，音速传递过程为等温过程，并得出了错误结论。拉普拉斯基于绝热假设推导出正确的音速公式。但从理想气体的基本假设无法得出上述结论，因为气体中的声波传递过程并非稳态过程，统计力学的假设并不成立。

更应该注意的问题是，理想气体并不真实存在，低密度惰性气体为单原子分子，原子间作用力最小，最接近理想气体所描述的状态，但仍然不是真正的理想气体。选取不同的惰性气体会在一定程度上影响测量结果，尽管这一影响相当微弱。与其说气体声学温度计实现了理想气体的温度测量，还不如说是测量了某一温度状态的氦气音速或测量了另一个温度状态的氩气音速。并不存在真正的理想气体，只是某一气体更接近理想气体状态。而且显然，这样测量仍然有严格的测量温区限制，不适用于过高温度或过低温度区间的测量。

因此，不必过高评价气体声学温度计的发明，与水银温度计或热电阻一样，这一仪器也只是一种温度测量仪器，只是精度更高，但并没有更接近温度的本质。

理想气体假设在高温条件很难找到近似方案，在过低温度区间也难以找到近似。以理想气体为基础，不断完善模型看上去是可行的热力学理论建立方式，但又总会在解决一个问题的时候带来新的问题。

当试图解释液体和固体温度时，理想气体假设方法不再适用。建立理想液体和理想固体模型看上去希望渺茫。理想气体模型只是从理论上解决温度定义的理论尝试，幸运的是，这是一个不错的开始，至少我们知道了怎么测量理想气体这一"天使"的体温。

第 8 章　能量

换个姓氏吧，姓名算什么。玫瑰换个名字依然香。罗密欧如果不叫罗密欧还是一样亲切完美。——《罗密欧与朱丽叶》

能量大概是科幻小说作家和科幻电影编剧最喜爱的概念。一方面，对能源的争夺是很多科幻故事框架的基础，邪恶外星人会为了争夺地球上某种稀缺的能量块而大打出手，获得能量是生存的重要前提；另一方面，在科幻故事里，各种违反科学定律的行为又会被喜欢思考的观众质疑逻辑混乱。其实电影编剧们多虑了，那些喜欢从科学角度挑刺的观众绝不是此类电影的主流消费人群，尽情发挥想象让机器人飞天遁地，让超级英雄消灭邪恶势力就好了，你的观众完全可以理解你说的能量并非物理学家所说的能量，就像一个游戏玩家不必担心砍杀对手会被当作谋杀一样。

科学概念与语言

现代社会科学已经与人类生活密不可分，科学对人类的影响不仅在物质层面，还渗透到语言中。新的科技概念能够迅速地渗透到语言中，这其中广告商的作用功不可没。利用人们对新科技的向往和崇拜，广告商将似是而非的科学概念包装起来，他们不需要消费者真正理解这些科学概念，只需要消费者把他们的产品当作高科技，并愿意掏钱购买就好。纳米、等离子、碳纤维、石墨烯、超声波、量子等，广告宣传者自己都不能真正理解这些科学概念，但只要足够时髦，能够诱导消费者产生购买的欲望就足够了。当年臭名昭著的烟草被包装为来自美洲的神奇草药，包治百病；居里夫人发现的放射性元素镭竟然被做成镭药水治病。偶尔这些宣传也会失败，比如转基因食品引来公众的莫名恐惧，而同样宣传基因变异的航天育种技术却令消费者趋之若鹜。

科学也需要借助于日常用语描述新的科学概念，特别是在科学建立之初。现代的很多科学名词来源于古希腊，有的是从亚里士多德等古籍中沿袭或借用的概念，如力学、能量、原子等。现代科学来源于西方，对于汉语来说是陌生的，汉语中大量的科学概念来源于对日文的二次翻译。

总是有人担心，如果翻译不能做到"信达雅"，或者本国语言并无与外来词汇严格对应的词语，使用翻译过来的科学术语可用会影响人们对概念的理解。于是在学术讨论中，很多有过留洋背景的学者喜欢使用汉语夹杂英语的方式进行表达，这种表达方式并不新鲜。在 20 世纪初的上海租界，"洋泾浜"代指这类中英文夹杂的语言表达形式。

其实大可不必因为担心概念表述不准确，而在学术讨论中使用中英混杂。可以确信的是，在同一时期、同一专业的学术群体中，无论使用"能量""energy"，还是法语、俄语、德语、阿拉伯语等语言，词汇的正确意义都能被讨论参与者正确理解和使用。就像一群没有见过犀牛的小孩子在讲犀牛有关的事情，而一个"博学"又爱显摆的孩子非要将犀牛称为 rhino，并声称中国不是犀牛的原产国，因此用汉语无法正确表达什么是犀牛，甚至会将犀牛误解为奶牛的一种。但显然，称为犀牛、rhion 或别的什么并不是将犀牛误认为奶牛的原因，对犀牛本身的概念缺乏才是误解的根源。掌握学术语言的概念也是作为科研从业者所应具有的最基本素质，在同一团体内对概念的理解是一致的，真正导致误解的并不是语言本身，而是对话者的知识背景。当参与者具有同样知识水平时，没有理由也没有必要担心会出现各说各话的现象。

▲ 将《温度是什么》的书名换成《Temperature 是什么》无助于读者理解温度的概念。wonderful、exciting 等词汇不论用哪种语言表述，不同人的理解都会存在差异，甚至可以极端地说，描述情感的抽象名词在人类社会永远无法取得共识

科学概念与公众

在同一时期内，同一学科的学者对科学概念的理解通常是一致的，但公众与学术团体之间却存在着或大或小的偏差。显然科幻作品里所说的"能量"与科学家所说的"能量"并不是同样的概念，但是如果在严谨作家所写的科幻小说中，其定义的"能量"应该是自成体系又具有逻辑严谨性的。例如根据剧情，外星人需要夺取隐藏在地球深处的某种能量，那么剧中必须交代清楚，在这里所说的能量具有怎样的性质。随着剧情的发展，这一性质从始至终都应该保持不变。比如初始定义了外星人需要的能量是稀缺的、不可再生的、仅在地球深处大量存在的，那么从始至终外星人都不会再掌握凭空获取能量的技术，只有殖民地球去地球深处获取能量这一方法。由于整个剧情全部来源于作者天马行空的想象，所以当所使用的名词不同于大众所理解名词的基本内涵时，交代清楚作品中的名词定义是对作者最基本的要求。

但显然，即使作者相同，在不同的作品中，对名词的设定并不一样。同样是"鬼魂"，在某一部剧中可能掌握穿墙术，在另一部剧中却会被石头击中。因此，有经验的观众也绝不会望文生义，将不同剧中的"鬼魂"概念混淆。

正如维特根斯坦所说的"语言游戏"，当作者交代清楚名词的基本内涵时，其实就建立了一种语言游戏规则，就像下棋一样，当制定好规则时就可以在这一规则下自由地发挥想象力，推动剧情发展。

而很多哲学问题正是因为哲学家之间对名词的定义并不相同才产生的伪问题。在不同的语言环境中，对同一个名词的理解也不相同。例如同样是"鱼"，在动物学家、垂钓者、水产生产者、厨师、水族爱好者、幼儿等不同人群脑海里，浮现的形象是不同的。抛开语言环境，很难为"鱼"下一个明确的定义。与"鱼"这类很好理解的名词相比，抽象的词汇更难理解，如"疼痛""思维""道德""存在"等。维特根斯坦断言："如果狮子可以说话，我们也不能理解它。"所处的语言环境不同使得不同的人群中存在天然的鸿沟，导致望文生义的误解。

公众在处理科学概念时，常犯望文生义的错误，认为自己所理解的名词与科学术语是等价的，这是对科学产生误解的重要因素之一，甚至会引起不必要的恐慌。

例如，"辐射"既是来自于科学的概念，又是公众常常对其产生恐惧的一个概念。因为惧怕辐射，有的人会反对建设通信基站和使用无线网络，甚至不敢使用微波炉、冰箱、计算机等家用电器，而商家也会利用公众的恐慌适时推出防辐射服等产品。辐射有害的结论就是源于公众对辐射概念的理解与科学中的概念存在偏差。科学结论确实证实了"辐射有害健康"，但科学家所理解的具有电离能力的"辐射"，显然与存在辐射恐惧症的人群所理解的"辐射"是不同的。对辐射概念的错误理解是引起恐惧的原因，没有任何结论给出过日常通信基站的辐射会对人有害。

▲ 对辐射的过度恐惧来源于对概念的错误理解，将有电离能力的辐射等价为日常的电磁波辐射。在概念使用中，切勿望文生义，词汇在不同使用场合具有不同的内涵

科学研究的从业者首先接受到的训练就是科学语言表述方法。只有熟练掌握科学语

言，而不只是日常语言时，才能真正成为科学工作者。正如想教给一个幼儿什么是苹果一样，并没有想象中那么容易，说不定明天他会把西红柿当成苹果。正确掌握苹果的概念需要相当多的知识，而不是反复不断地重复苹果的读音。科学语言的学习比幼儿知道什么是苹果更为困难。由于科学语言与日常语言有着明显的差异，而这种差异导致的误解常常被忽略，甚至很多时候，科普工作者所做的工作加深了这种误解。改掉错误的习惯甚至比学习新知识更困难。

概念的实在性

当很多教科书将"鲸鱼不是鱼""地球是运动的"作为确定不疑的知识传递给公众时，教科书的编写者可能都没有发现这些看上是定律的知识，只是公众对概念不同的理解而已。就像一个英语老师告诉孩子："狗是道哥"（dog）。正确理解"鲸鱼不是鱼，而海马是鱼"依赖于对"鱼"这一分类学的概念理解。同样，正确理解地球是运动的关键在于对运动的定义。

从柏拉图以来，概念的本质就存在着唯实与唯名的争论，这一争论一直贯穿着哲学史，并延续至今。唯实论认为，存在不依赖于人意识的一般特性，而唯名论认为，所谓的分类只是以人的主观喜好进行的划分。在自然语言体系内，很多概念没有严格的定义，而是源于语言习惯和历史传承，这导致概念混乱。但在被认为是严谨规范的科学语言体系下，概念也并非像想象的那样严谨。

鱼的定义，是典型的分类学问题。将物种进行分类的依据是什么？

以鲸鱼有肺来断定它不属于鱼类，这在本质上仍然是依据外观形态进行物种分类的做法，只不过不同于观察水生、尾部、鳍的特征，需要对鱼类进行解剖。根据物种特征进行分类，是当前分类学中采用的林奈命名法。唯名论主义者很喜欢这样的概念定义方式，是否定义为鱼只是人类的主观喜好而已，如果愿意，我们可以将所有的水生动物定义为鱼类。没有这样进行分类的唯一理由是使用起来不方便。这就像天文学家们可以开会投票将冥王星从大行星分类中剔除一样，在这种分类方式中，人为因素起主导地位。

唯实论显然不会甘心这样的失败，至少基因技术给了他们强大的武器：利用遗传谱系，将基因相似度高的物种分为一类。如果这一假想真的实现，唯实论完全可以昂起头大声说："对物种的分类与人的主观意志完全无关，唯一的依据只有那迷人的双螺旋结构"。确实，科学家大都是唯实论主义者，而且科学的进步常常伴随着向唯实论靠拢。

对依赖基因进行物种划分还是应该抱有谨慎的乐观，在基因链中，仅有 2% 真正在生物的物种特性中得到表达，其余绝大部分基因链的作用并不清晰。另一个不确定性在于，恐龙可能是鸟类的近亲，而恐龙是爬行动物，是否应该将鸟类划分为爬行动物中的一类呢？最为不便的是，当新的信息发现时，这种分类方法必须以改变物种名称为代价。例如新的发现证明，非洲象中的萨王纳象与森林象是完全不同的物种。对于无性繁殖的生物来说，想要通过这一方式进行分类则更加困难。根据基因对物种进行分类还有漫长的路要走，目前也只是一个构想而已。从可行角度，当前有效的分类方式还必须依赖于物种特征。毕竟鲸鱼用肺呼吸、胎生、哺乳更容易理解，而鲸鱼与鱼的基因差异难以理解。

▲ 采用基因序列作为物种的分类依据，理论上更可靠，但实际使用时可行性很差。根据外表特征对生物进行分类仍然是科学界的主流方式

最早的能量单位——卡路里

在现代社会，卡路里（cal）几乎成为对纤细身材无限向往的女士们最为恐惧的词汇。最早，卡路里是用来表示热量的单位，被定义为标准大气压下，1g 水升高 1℃所需的热量。现在看来，这一定义并不是一个好定义。如果让 1g 水升高 1℃所需的热量成为定值，唯一的办法就是根据这一定义重新定义温度。找到 1g 水，温度为 0℃，用 1cal 的热量将其加热，这时候，水的温度定义为 1℃。继续用 1cal 的热量将其加热，这时候水的温度定义为 2℃。以此类推，直到完全定义 0 ～ 100℃。如果不这样重新定义温度，就没有任何办法让早期的卡路里定义有意义。

现代，卡路里作为单位早已失去存在的意义，但作为应用习惯，在部分领域仍然少量使用。如果不是因为固有习惯，继续使用卡路里的理由大概是因为读起来更顺口吧。在标准单位领域抱残守缺的典范大概是美国人民。在我国，除仍使用的"斤""里"等少数几个单位，无论在民间还是官方文件，都很少出现非国际单位制的单位。而这些偶尔使用的单位与国际单位换算也极其简单，1 斤 = 0.5 公斤，1 里 = 0.5 公里。而英制单位与国际单位的换算简直是灾难，英寸、磅、盎司、加仑、华氏温度等单位与公制单位极难换算。更为有趣的事情是，英国已经基本摒弃英制单位，而美国仍然在顽固地坚持使用着英制单位。

由于按照卡路里的原有定义，必须重新定义温度。前面讲过，可以用热膨胀、电阻、电压差、音速等原理制作温度计测量温度，但使用水的吸热量原理制作温度计不可行，因为吸热量难以测量。这样的定义方式不具有可操作性，也没有任何额外的好处，因此也就意味着卡路里的定义是个糟糕的定义方式。

目前，对卡路里的定义都是以其与焦耳的换算关系来定义，有时候 1cal 被定义为 4.184J，有时候被定义为 4.1868J，另外还有营养学的 15 度卡路里定义为 4.1855J，平均卡路里定义为 4.190J。正如前面所说过的，再去追究为什么定义为这样的数值已经没有意义。各种对卡路里的混乱定义已经严重扰乱人们对单位的使用，其唯一存在的理由只是过去使用习惯很难扭转。

对一个概念所下的定义无所谓对错，但存在是否好用的区别。就像家长给孩子起的名字，名字可能只是一个代号，但有些名字文雅大气，有些却显得粗俗。卡路里试图用水的含热量定义热量的尝试显然并不成功，至今仍给使用者带来极大不便。当能量守恒定律出现后，这一定义已经完全失去意义。

能量守恒定律

理解能量守恒定律的关键是理解能量的概念。在热量存储部分，我们已经说明热量并不存在，只是一个构造出来的量。尽管能量守恒定律的发现来源于焦耳等的实验，但这不代表能量守恒定律是一条经验定律。如果能量守恒定律是一条经验定律，那么与一切经验法则一样，都存在"黑天鹅"矛盾。即使从未见过黑色的天鹅，但这无法确保下一只天鹅不是黑色的。事实上，物理学中存在着大量并非经验的定律，这些定律都属于不可证伪范畴。

能量守恒定律通用的表示为：**"能量是守恒的，不会增加和减少"**。

那么能量是什么呢？如果命题为"幽灵是守恒的"，你是否选择相信呢？如果命题只是"某某是守恒的"，但不给出某某的明确定义，显然这样的命题并不具有实际意义。但能量是什么呢？能量并不是鱼、桌椅、植物等看得见、摸得着的概念，甚至能量从未被认真定义过，在很多时候，不同学科之间对能量概念的理解也并不一致。

牛顿力学中的能量

在牛顿力学体系中，必须承认绝对时间与空间的假设，最重要的是还要假设质量不变。尽管这些假设在相对论体系下并不正确，但不影响我们对能量的定义。

在牛顿力学体系中，与能量相关的概念为动能和功。动能正是能量一词的最早起源。托马斯·杨给出"活力"这一概念的数学表示：mv^2，也就是质量与速度平方的乘积。但杨的表达方式不够正确，或者说不够方便。根据科里奥利的推导，动能应表示为 $1/2mv^2$。对追求公式美学的物理学家来说，这个 1/2 看着很刺眼，为何是 1/2 而不是 1/3 或 1/5，哪怕是 $1/\pi$ 也更漂亮些。幸好在相对论中，满足了部分人的美学偏好。取消质量不变假设，质能定义为 mc^2，讨厌的 1/2 消失了。但在牛顿力学体系中，动能仍需要被定义为 $1/2mv^2$。

动能定义来源于牛顿第二定律，或者说是牛顿第二定律的推论。对牛顿第二定律 $F=ma$ 取线积分就会得到一个简单的结论：

物体动能的变化等于外力对物体所做的功。

功就是物体所受的力与运动轨迹的线积分，不严格的初等数学说法就是力 × 距离。根据这一结论，任何物体的动能增加都是因为其他物体对其做功，或者说物体间通过做功实现了能量传递。

在牛顿体系中，由于运动是相对的，因此系统的动能并不是固定的数值，当参照系变化时，速度就会变化，系统总的动能也会发生变化。动能大小完全依赖于参照系的选取。

亚里士多德认为**"力是物体运动的原因"**。现在这一命题成为很多物理教科书口诛笔伐的对象。亚里士多德在这里变成昏庸无能的物理学统治者，伟大的伽利略，不惧宗教法庭迫害的伽利略，最终战胜腐朽的亚里士多德物理学。但亚里士多德所说的"力"和"运动"真的与牛顿所说的是同样的意思吗？

在亚里士多德体系中，以地心说而闻名。按照地心说，太阳、月亮和星星都是运动的。如果"昏庸的"亚里士多德把力作为物体运动的唯一原因，又怎么理解他没有给出推动太阳绕地球转动的推力来源呢？

日心说与地心说的矛盾也在于对运动这一概念的理解。运动与否在于参照系的选取。如果将地球作为参照系，那么太阳就绕着地球旋转，而相反地，将太阳作为参照系，地球就是运动的。显然在亚里士多德物理学中，"地球在运动"与"汽车在运动""箭在运动"所说的运动并非同样的含义。亚里士多德所说的运动更接近于我们对运动的日常理解——由速度为零到具有一定速度的过程，也就是动能增加的过程。亚里士多德没有错，力（也就是功）确实是物体运动（动能增加）的原因。

在本质上，A 对 B 做功的过程是 A 与 B 之间传递动能的过程，我们所能观察的现象只有 A 与 B 的动能变化。当 A 和 B 有动能变化时，我们通过想象认为 A 对 B 做了功，相应地，B 对 A 可能也做了功。

由于 A 对 B 所做的功与 B 对 A 所做的功之和并不一定为零，因此 A 与 B 的动能之和不守恒。额外多出或减少的能量来源于 A 与 B 之间发生的相对位移。

想象一个理想小球自由下落的过程。当小球下落 10m 时,地球通过重力对小球做了功。在这个过程中,地球几乎纹丝不动,因此小球对地球所做的功可以忽略不计,于是小球凭空增加了速度和动能。凭空增加动能不符合守恒定律。但如果小球幸运地落地并弹回原来的位置,一切看上去都恢复原状,小球也将恢复静止。但通常情况下,小球不可能再回到原处,守恒也不会真的被验证。

保守力(守恒力):不论物体沿着怎样的路径移动,当回到起点位置时,保守力对其所做的功为零。

如果把物体所受的力分为保守力和非保守力两种,那么当物体只受保守力作用时,根据定义可以推导出能量是守恒的。或者说**如果物体受到符合能量守恒定律力的作用,能量是守恒的**。典型的同义语反复。实际上,物体所受的力通常是保守力与不保守力的组合,当物体运动时,会受到各种摩擦力和阻力,弹簧压缩的时候会引起弹簧材料发生塑性变形,在整个时空中由于天体运行即使是引力场也在不断改变。

那么非保守力所引起的能量变化去哪了?这样的问题就像米缸中的米变少了,那么米去哪了?一定是被谁吃掉了。老鼠?米虫?飞鸟?终究会有什么让米消失的原因。如果米缸中的米变多了,一定是谁在里面加了米。坚信米不会不翼而飞,也不会不劳而获,这是基本的哲学信念,不需要 24 小时安装摄像头仔细查看。

热力学中的能量

热力学中的能量就是热能或热量。热能的本质在"温度的存储"中已经说过,一开始人们认为热能就是一种称为"热质"的物质。按照现在的能量守恒观点,热能被解释为分子的运动动能与势能,这一切都始于焦耳的热功当量测量实验。

在物理领域,可以开玩笑地说,焦耳是最后一位一本正经研究科学的"民科"。当焦耳的热功当量实验被确定后,就再也没有科学家会把精力放在对热功当量进行精确测量上。每年大量的科研经费用于验证遥不可及的问题,如大型加速对撞机、寻找中微子的深层洞穴、探索遥远星系甚至外星人的大型望远镜、寻找引力波的大型干涉仪等,但不会再有经费支持重复验证焦耳的实验。是因为焦耳的实验足够精确吗?显然不是。焦耳的实验在任何受过简单科学训练的人看来,存在着大量实验误差和可能的精度提升潜力。

▲　焦耳实验的本质是给出了热能的定义，而非发现了新的定律。从某种意义上来说，热力学第一定律是科学家所发明的一种能量定义方式，而非新的发现

当原始人第一次看到网球时，他想到的只是一个有弹性的圆球，他可能会对这个圆球的性质感兴趣，甚至会把它切开看看。但当他看过一场网球比赛后，以上的兴趣就会完全消失，转而关注怎么参加网球比赛。

确实，焦耳的实验帮助科学家发现了能量守恒定律，或者说发明了能量守恒定律。但这一实验并不能作为验证能量守恒定律真假的实验，只是帮助理解能量守恒现象的例子。就像小学生通过数苹果来理解 1+2=3，但不能说 1+2=3 是通过不断数苹果所总结出来的经验。能量守恒定律就像数学中的 1+2=3 一样，并非是通过经验总结出来的，而是逻辑的产物。就像前面说过的，成年人可以断定魔法师从帽子里变出的兔子一定是提前藏在里面的。而如果没有弄清这一点，一知半解地认为科学定律都是来源于不断地实验与验证，试图去验证能量守恒定律只是在浪费时间和精力，毫无结果。因为能量守恒定律本身就是能量的定义。由于总有东西是守恒的，因此，它就是守恒的，这一守恒量被称为能量。这一定义无法验证，就像无法验证 1+2=3 一样。

其他能量

最初，能量守恒定律只适用于机械能与热能的守恒，因此也称为热力学第一定律。但随着科学的发展，发现这一守恒定律可以扩展到更广泛的领域，也必须扩展到更多的领域，才能保证能量守恒定律始终成立。在守恒定律的基础上，更多的能量被定义出来，如化学能、电能。

化学能守恒并不是很难理解的概念，古代人也会知道用多少柴煮多少饭的道理，但对化学能的解释非常复杂。当前的观点认为，某些化学键断裂与某些化学键生成需要的能量具有差异，能量差是化学能产生的根源。但化学键并不存在，解释化学键必须使用量子力学的复杂理论，而事实上，量子力学只能描述化学反应过程，不能给出形成化学键吸收能量和放出能量的原因。

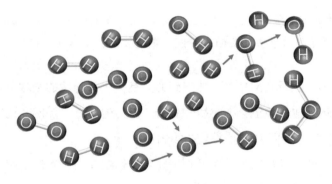

▲ 氢气与氧气的化学反应可以看作化学键的复杂变化过程，但化学键与热量一样，是假想出来的，化学键能的测定仍依赖守恒定律本身

在化学领域，科学家们根本不愿意借助复杂的量子理论，也不必学会量子理论，他们更愿意借助并不存在的化学键来描述化学反应过程。在化学家眼里，原子像一个个小球。但如果原子真的只是小球，那么如果两个小球在化合反应中"粘"在一起，由动量守恒定律可知，合成物的动能会减少，而分解反应会使生成物的动能增加，化学反应动力学的实验已经证实了这一结论。由分子平均动能与热能相关，将会得出化合反应必然吸热，而分解反应必然放热的错误结论。从理论上推导出每个化学键断裂或结合需要吸收或放出多少能量是不可能的，我们只能根据实际测量出的能

量变化推算出化学能的多少。就像我们确定一捆柴刚好可以烧开一壶水，于是断定两捆柴可以烧开两壶水一样，这就是化学能的守恒。如果没能烧开两壶水，我们不会去怀疑守恒定律，而是怀疑第二捆柴是否太湿，发热量太少。本质上并没有化学能，只有守恒定律。化学能只是为了填补能量守恒空缺所必须假设出来的物理量。

电能与守恒定律的关系在定义中更为直接。想要知道电能的大小，就需要获得电流与电压两个量，而电压被定义为电荷力所做的功与电量的比值。其实，电能只能是能源的一种中间形式，与其他能源相比，电能很难被直接储存。无论以什么方法产生的电能，都难以储存。理论上，储存电能除使用电容短时间少量存储，只能将电能转换为其他形式的能源。

所以储能技术中最困难的就是储电技术，也是最重要的技术。最常用的储电方式为抽水蓄能电站，即用电把水泵到高处，等需要用电时再利用水流发电。在这个过程中，水流动会损失能量，泵到高处的水会蒸发，永远也做不到把储存的电再完全还原回来。电池是另一类常用的储电方式，同样无法将储存的电能完全还原。电能只能短期存在，不可直接存储，转化为其他能量后无法完全还原。

其实电能与其他能量一样，只是为了平衡能量守恒方程而定义的概念。正像爱因斯坦说过的："如果理论与事实不相符合，那就改变事实。"

爱因斯坦最重要的成果——相对论将能量与质量等价，能量守恒的本质为质量守恒。根据爱因斯坦的质能方程：$E=mc^2$，动能、热能、化学能、电能等都可以解释为质量变化，虽然将物体加热几十摄氏度，或电池放电过程完全测量不到其质量变化。因此即使质能方程出现，在处理热能、电能等常规能源时，也并不具有应用价值。质能方程成功预言了原子弹和核电站，也是研究微观粒子的重要工具。爱因斯坦所说的质量与牛顿所说的质量只是名字相同，并不表达同样的意思。就像你在面包店购买 500g 面包是为了填饱肚子，不会因为店员告诉你这个面包在高速飞行时会变成 1000g 而只买半个。牛顿所说的质量更像是可以填饱肚子的面包质量，而爱因斯坦所说的质量是为了满足相对论的质量，无法填饱肚子。

▲ 相对论中所提到的质量概念与日常生活中所使用的质量概念并不相同。尽管在高速运动状态下面包的质量会增加，但多出的质量无法填饱肚子

　　1990 年，弗里德曼、肯德尔和泰勒因为利用高速电子碰撞对质子内部结构的研究工作获得了诺贝尔奖。他们在电子加速器中利用高速电子撞击质子来分析碰撞过程中电子动量和能量的变化。通过对电子动量和能量变化的分析，他们宣称找到了观测质子内部结构的方法，高能电子成为照亮质子内部的"光"。但从能量守恒角度来看，对于这一技术的成功应该谨慎的乐观。尽管相对论可以推导出质能守恒，但前面已经说过，守恒定律只是守恒的定义。那么在质子内部，相信质能守恒定律 $E=mc^2$，就可能需要重新定义 m 或 c，才能满足 E 的守恒。相对论已经将质量 m 作为可变的量，以保证质能方程守恒。但在质子内部，光速是不变的吗？从未有理论或实验可以证明光速不变性在这样小的尺度仍然正确。

　　另外能量的变化可能是由无法探知的物质存在所引起的，也就是"莫名其妙"导致方程不守恒的原因，中微子理论正是这样被"发现"的。当发现质能不守恒时，宣称守恒定律是错误的显然不讨人喜欢，哪怕宣称者是玻尔这样的学术权威。科学发展的惯性使科学家们不会像没有耐心的孩子，发现一块拼图拼错就生气地推倒重来。由于不愿意放弃守恒方程，因此不得不假设能量是被无法观测到的中微子所带走的。理论学家可以"狡猾"地将未知的能量丢失原因解释为难以观测，把难题留给他人。当中微子的观测带来了越来越多的矛盾时，又会有标准模型把中微子分成不同的类别。从这个角度看，玻尔是真诚的，而提出中微子的泡利和费米并不是。但用现代的视角看，玻尔是失败的，泡利和费米是对的。

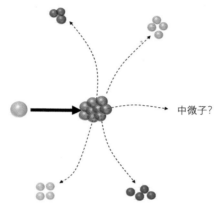

中微子?

▲ 在高能物理实验中，能量守恒定律可作为发现新型粒子的重要理论。中微子假设正是因为未知原因导致能量不守恒，为平衡质能方程，将未知能量丢失假设为被中微子带走

在一个无人的屋子，深夜传来响声。有人解释为风吹动风铃，反对者说门窗都是关着的。于是有人解释为老鼠在闹，那么老鼠在哪里？老鼠看见人就跑掉了。放上老鼠夹子仍然没有夹到老鼠，为什么？弄出响声的老鼠过于狡猾。屋子里放满了摄像头也没有看到老鼠，为什么？或许老鼠太小，老鼠跑得太快，老鼠是黑色的不容易看清。除照顾无神论信仰，将声音来源解释为看不见的老鼠并不比解释为鬼魂更高明。

同样，中微子假设并不比老鼠的假设高明多少，包括标准模型在内。其本质是将很多无法观测到的现象解释为不可观测的，来暂时逃避理论的可检验性。或许标准模型是正确的，但也将会是越来越难以被证实的模型。

我们无法知道弗里德曼等的实验中是否有未被观测到的质量和能量，也无法证实深埋地下的中微子探测器中发出的信号是否来源于某次原子核衰变。至今中微子的质量也是未知的，甚至于是否有质量都是未知的。

中微子存在的最强大支撑并不是深埋地下的复杂中微子探测设备，而是对质能守恒定律的深信不疑。因为相信守恒定律，所以只能相信是中微子带走了质量和能量。如果未来真的存在能够测量中微子质量与能量的技术，而且恰好发现与质能守恒不符的时候，是否可以证明质能守恒是错误的呢？必然不会，只需要用能量来定义质量，这一矛盾就不会发生。将反应前后的物质质量定义为它所具有的能量与光速的平方比 E/c^2，并规定反应前后能量守恒即可。甚至在必要的时候，为满足守恒，可以选取光速 c 不是常数，在近期的研究中，就有学者认为在普朗克长度（1.6×10^{-35}m）以下的尺度中光速可能是变化的。

科学共同体对旧的理论总是怀有足够的信心，所有的科学实验都是在旧的理论体系下自身验证自身的过程。当某一个例外发生时，科学家所做的第一件事，绝不会是像波普尔所想象的那样，去推翻现有理论，恰恰相反，他们会极力找出托词将新的发现用现有理论解释。

在量子力学中，不确定性原理认为无法同时准确测量能量与时间。因此在量子力学范畴，通过实验验证能量守恒定律在理论上不具有可能性，那么支撑科学家相信能量守恒定律一定正确的理由是什么呢？

能量守恒定律既是定义又是分类法

能量守恒定律的本质就是给出能量的定义。符合能量守恒定律的那个物理量被定义为能量。在不同研究领域，能量守恒定律对能量的定义也给出了一种分类方式和实验数据处理手段。

如果需要解决"烧开一壶水需要多少燃煤"这一问题，每次都真的去烧开一壶水并不是高效的方式。能量守恒定律给出了一个简便的实验方式。测量出烧开 1kg 水所需的热能；测量出 1kg 煤燃烧所释放的化学能；测量出燃烧器燃烧和换热的效率。当完成以上测量时，就可以获得上面问题的答案。能量守恒定律就是通过以上的方式给出相关问题的处理手段。对于煤炭经销商来说，只需要关注不同的煤燃烧所释放的能量大小；对于设备制造商来说，只需要关注燃烧器的换热效率；对于用户来说，只需要根据煤炭经销商和设备供应商的参数来确定所需购买的煤炭量，能量守恒定律给出了能量交易中的一个公平尺度。

永动机为什么不存在

现代科学认为，试图发明永动机显然是徒劳和可笑的，但又总有科学共同体外的科学爱好者们浪费着大量的时间和精力，试图挑战科学的结论。科学将自己包装成可以民主地接受各种质疑的形象，给了"民间科学爱好者"遐想的空间，让他们奋不顾身地把自己的生命葬送在虚假又毫无意义的事业上。当他们志得意满地将"成果"呈现给科学家们时，所面临的下场却永远是闭门羹。科学家们并没有错，他们坚信自己的科学理论是正确的，不愿意将宝贵的时间浪费在这种无意义的接待上。但这些爱好者们就错了吗？

如果有村民宣布发现了一种有脚的蛇，动物学家不屑一顾地宣称，世界上从未有蛇长脚，发现者也很生气地说，四脚蛇在村里连小孩子都认识，著名的动物学家竟然如此无知。那么是动物学家错了还是村民错了呢？所有的蛇当然都没脚，但小孩子都知道四脚蛇有脚。大家所说的蛇并不是相同的概念，根本不具有讨论的基础。爱讲寓言的克尔凯郭尔讲过这样的故事："有个城市会让犯人骑着木驴游街以惩罚犯罪。一个外地人刚好路过这里，觉得骑木驴的游戏真好玩。"

在科学上，永动机被定义为一切违反能量守恒定律的装置（还存在第二类永动机，被定义为一切违反热力学第二定律的装置）。这样的装置显然不存在，因为能量守恒定律本来就是对能量的定义。即使在某一装置中真的观察到能量不断输出，科学家们也不会承认这是一台永动机，而是解释为某种无法监测到的粒子或能量被输入到系统中。假想一下，比如存在某种材料做成的"风车"，可以吸收到某种比中微子还难以观测的粒子——暂时被命名为"小微子"——的动能持续做功，而科学家并不知道小微子的存在，只是无意中发现这种持续旋转的"风车"。科学家会认为自己发明了永动机吗？当然不会，他们会坚定地维护能量守恒定律的正确性，将额外的能量解释为未知的粒子。因此在科学中，能量守恒定律永远正确，永动机永远不可能存在。

对于那些立志于发明永动机的人来说，他们所描述的永动机与科学家们的定义显然不同。在能量守恒定律被确立以前，怎么会有人去发明一个违反能量守恒定律的装置呢？当时能量守恒定律还不存在。这更像是"先有爸爸还是先有儿子"的讨论。爸爸认为，显然先有自己才会生出儿子，儿子却不同意；因为只有当儿子出生那一刻，爸爸才成为了他的爸爸。

显然，在能量守恒定律出现前，所有发明家的目标并不是找到违反能量守恒定律的装置，他们只是想找到一个节约人力的装置。那时候的永动机与现在的永动机，定义完全不同。

一个装置是否有实际应用价值与是否违反能量守恒定律无关。例如可控核聚变的反应堆，显然符合现有的能量守恒定律，但这种装置只是一个实验品，除消耗大量经费和能源，从未创造过有价值的能源。是否符合能量守恒定律在核聚变应用研究中真的有意义吗？能够持续输出廉价有用能量的装置才是真正有意义，这也是工业革命年代以前人们所努力的方向。

在工业革命以后的现代社会，随着技术的复杂性，依靠一个人或几个人的聪明才智已经不可能完成改变世界的发明。创新发明的路线与分工已经逐渐明确，不仅需要科学研究提出理论，还需要大量的工程技术人员将基本的科学原理转化为可以实际应用的技术。爱因斯坦虽然提出了质能守恒方程，但显然他不能独自设计出核电站。同样地，热核反应已经发现了近百年，但至今也没有设计出可控核聚变装置。现代科研需要协作，靠一己之力已经不可能胜任。如果真的是在永动机方面创造性地发现，只需要像爱因斯坦那样提出基本的理论就足以震惊科学界，又何必设计出一个装置呢？

定义的意义

能量守恒定律仅仅是对能量的定义，定义无所谓正确还是错误，只有好用与不好用的差别。幸运的是，这种定义方式很好用。相对地，我们也看到利用水的温升定义能量单位卡路里的方式是不好用的定义。

定义只是一种分类方式，就像我们定义猫、狗和兔子，用来区分不同的动物，用桌子、椅子和柜子区分不同家具一样。但定义并不会给我们带来新的知识。比如定义桌子为上面有个平面、下面有支撑、高度在一米左右的家具。这个定义并不能帮助我们确定某个家具的形状，也无助于测量家具的高度。只有当我们确定某个家具的形状和尺寸后，才知道这一家具是否为桌子。

能量守恒定律作为能量的定义同样不能提供新的知识。能量守恒定律只是给出了一个公式 A=B，但是公式两边需要额外补充才能完成这一公式。

例如回答怎样可以减肥。根据能量守恒定律得出的答案就是少吃、多运动。根据能量守恒定律，如果人摄入的能量大于消耗的能量，就会变胖，看上去少摄入能量或通过运动增加能量消耗就会减肥。但实际上呢？大多数人在执行这样的减肥方案时，都以失败而告终。少摄入能量只能通过节食，而不正确的节食行为会降低身体的基础代谢，甚至会出现越节食越胖的现象。而额外运动产生的能量消耗量也并不确定，当人体适应某一运动强度后，运动消耗的能量会显著下降。能量守恒定律只能提供一个不言自明的结论：能量消耗大于摄入即可减肥。如何做才能使消耗大于摄入需要额外的知识，这也是减肥专家们赚钱的依据。

减肥是现代人最热衷的一项生活方式，为了性感、健康、自信，现代人有无数的理由需要降低体重。可以毫不夸张地说，拥有能够轻松减肥技术的人，绝对会成为世界上最富有的。但遗憾的是，不论减肥专家们怎么鼓吹他所掌握的技能，大多数跟随他们减肥的人都以失败而告终。如果一件事存在变坏的可能，那么它总会发生。在减肥的成功与失败之间，大多数人以不幸的失败而告终。

减肥失败是大多数人类处理复杂事物失败事例的缩影，生态破坏、核电站爆炸、城市管理混乱、经济危机、失业与罢工、交通拥堵等。凡是碰到复杂问题时，人类都以搞砸事情为结局。失败的根源在于处理这些问题时过于自大，将问题错误地简化。

过于简化分析模型。将减肥等价为简单的能量平衡方程，而我们已经理解能量平衡方程的本质是对能量的定义，并没有产生新的知识。节食与体重之间的关系极其复杂，当简单认为少吃就可以变瘦时，结果可能会让人失望。就像认为消灭麻雀可以保护谷物一样，在逻辑上似乎很清晰，但结果是麻雀消失，虫害蔓延，收成反而减少。发展农业需要引入灌溉，其解决干旱问题是显而易见的。古代巴比伦人却因为灌溉导致盐碱化而彻底失去农业。过于简化的模型不仅会使原有问题没有解决，还会带来更多新的问题。人类处理问题时，常将问题毫无理由地简化，以满足惰性思维习惯，最终却为了眼前利益而损失掉长远利益。

真正理解任何一个定义都不简单，因为定义本身就是知识，真正理解一个定义需要掌握与这一定义相关的全部知识，对定义的理解就是对全部知识的理解。

本书一直想为温度下一个定义，所面临的困境正是所需的知识不足。在全部掌握与温度相关的知识之前，难以给出温度的定义。幸运的是，现在已经给出了能量的定义，而能量与温度关系密切，距离给温度下定义又近了一步。

第9章 温度的有序性

　　我们再回到第3章温度测量中的热力学第零定律，根据热力学第零定律，**如果两个物体热接触足够长的时间以后，两个物体的能量和温度都不再随着时间而变化，称为热平衡**，且"系统热平衡"等价于"温度相等"。我们在正确理解能量的概念后，可以探讨下一个问题：如果两个物体发生接触，在达到热平衡之前会发生什么？

　　如果一个温度高的物体与一个温度低的物体接触，比如摸到一个发烫的杯子或者咬一口冰激凌。当手接触热的物体时，手会变热，而当吃下冰激凌时，嘴会变冷。简单地说，就是两个温度不同的物体接触以后，温度高的物体会向温度低的物体传递热能，最终两个物体趋于热平衡，温度相等，能量传递结束。热量必然由高温物体向低温物体传递。甚至两个物体不发生接触时，根据黑体辐射的定律可以知道，由于热辐射的强度与温度的四次方成正比，因此一个高温物体与一个低温物体之间辐射换热的结果必然是高温物体温度逐渐降低，低温物体温度逐渐升高。

　　这就是热力学第二定律的克劳修斯表述：**热量不能从低温物体传到高温物体。**

热力学第二定律可信吗

　　如果再进一步问，为什么热量只能从高温物体传递到低温物体呢？前面已经讲过，热量（能量）是人为定义的量，通过能量守恒定义。当物体温度升高时，认为物体在吸热，相反当物体温度降低时，认为物体在放热。热力学第二定律告诉我们，两个有温差的物体接触后，温差逐渐降低，最后趋于相等，这与人们日常观察到的现象完全一致，至今人类观察的结果从未发现过反例。但问题在于没有发现反例就是正确的么？

如果脑洞大开，想象一个热量从低温传递到高温的平行宇宙，在逻辑上一样具有存在的可能性，而且这样的世界很有趣。两个温度相同的物体接触后，由于某个突发事件，其中一个温度微弱升高，于是这个物体开始不断从另一个物体吸热，两个物体的温差越来越大，吸热越来越快。这更像倒着放映的电影胶片中的情节。我们没有生活在那个平行宇宙，也没有观察过这样的场景。

罗素讲过一个关于火鸡的故事：有一只火鸡发现，每天上午9点总有饲养员来喂食，于是它得出的结论是"9点饲养员会来喂食"，但很显然，这一结论是错误的，在某一个可怕的上午9点，它等来的是被屠宰。

在"仇视"归纳法则的哲学家眼里，任何靠经验得出的结论都是不可信的。罗素是著名的逻辑学家，从逻辑上看他的观点是正确的，归纳的结论总有存在反例的可能，因此来自于归纳的任何理论都是不完全可信的。甚至像"从高楼上跳下来一定会摔死"这样的结论都未必可信，反归纳理论者不去尝试从高楼上跳下去，仅仅是因为得不偿失，就像他们不去购买彩票并不是因为不存在中奖几百万的可能。所有来源于归纳的定律都存在被证伪的可能，在不断证伪中，科学得到进步。这些"仇视"归纳法则的哲学家的观点显然过于理想化。没有科学家会去不断重复比萨斜塔实验以检验牛顿定律的正确性，当电灯突然熄灭时，人们会去检查线路故障，而不会担心是因为电磁学基本理论突然失效了。甚至对新的科学理论，科学家们也并不会等待多次重复实验验证后再选择接受新的理论。

爱丁顿对行星光线偏转的实验被作为验证广义相对论的重要证据。第一次世界大战刚一结束，爱丁顿的观测团队就分别赶往几内亚和巴西日全食的发生地点，去观测行星光线经过太阳的偏转角度。当然结果是爱因斯坦的预言是正确的，但似乎没有人关注事件的进一步细节。爱丁顿在几内亚拍摄的16张照片中，只有2张可以分析出有意义的结果，而巴西团队的结果由于没有考虑温度影响，所以得出的结论是完全错误的。大胆假设，小心求证。按照人们以往对科学研究需要一丝不苟，不应有半点儿错误的想法来看，爱丁顿的实验没有想象中那样完美。如果要完成颠覆牛顿力学体系这样的大事，至少看上去用一个有瑕疵的实验似乎远远不够，总要再做几次实验吧。

从 1922 年开始，每当发生日食时，各国天文学家都会开展相应的测量。如 1922 年、1929 年、1936 年、1947 年、1952 年、1973 年等，天文学家都组织了观测，而公布的结果有的与相对论相符，有的完全不符。最终科学家不得不放弃可见光偏转的测量，转而测量无线电波。到 1976 年，测量误差首次小于 1%；直到 1991 年，测量误差终于降低到 0.01%。显然，科学界不是等到 1991 年才接受广义相对论，事实上广义相对论早就被当作真理，科学家们相信，验证其正确性只是时间问题。

在科学中，对经验结论的确认标准存在显著的差异。动物学家需要反复观察猫头鹰的行为，但也不能确保它只在夜间捕食。生物学家至今也无法确认遗传物质都有哪些，存在不断发现新遗传物质的可能。"所有的猫头鹰都夜间捕食""所有的遗传物质都是 DNA"这样的命题和"所有的天鹅都是白色的"具有共同的特点，他们与整个学科的逻辑体系关系并不密切。即使发现只在白天捕食的猫头鹰也不会影响生物学的主要结论，科学家们发现朊病毒靠蛋白质传递遗传物质，也只是对遗传学的一个补充而不是颠覆性发现。

当存在逻辑基础支撑某一理论时，归纳结果就变得可信，而当缺乏理论支撑时，再多的归纳也不能验证任何结果。在相信占星术理论的年代，因为存在支持占星术的逻辑基础，而不是因为占星术有多么准确，才会被广泛接受，包括开普勒这样的天文学家都是占星术大师。而当以牛顿力学为基础的天文学逻辑体系建立以后，影响行星轨迹的只有万有引力定律，再也没有支撑占星术的逻辑基础，随之而来的是占星术被踢出科学视野。必须强调的是，并不是因为足够的数据观察证明了占星术不可信，科学家才放弃占星术；就像在相信占星术的时代，也不是因为具有足够的统计证据证明占星术是可信的。

热量只从高温向低温传递，由于在逻辑上不存在矛盾，甚至后来在统计热力学中还得到了"证明"，没有理由不相信这样的结论。因此可以将热力学第二定律确定为一条基本定律。

卡诺循环

某位著名学者曾经在访谈中谈到科研工作的艰辛历程，大致就是说自己如何不断阅读文献，找到学科热点，如何选对研究方向，领导团队夜以继日地工作，抢先在顶级期刊上发表研究结果，并迅速被广泛引用。这样的大科学家能发表的论文数量和学术影响是不言而喻的，至于对科学发展的推动作用，只能说，或许有吧。

▲ 在科学研究中追逐热点，可以抢在其他研究者之前发表有影响力的成果。但这类成果通常只是在短期内提高科学家的个人声望，对科学的推动作用有限。科学成果的价值评价是个长期的过程，短期的追逐热点会带来急功近利的学术氛围，影响科学的健康发展

热力学理论的奠基人卡诺显然不是这一类的科学家，他一生默默无闻，所发表的论文从未被重视，甚至他的那篇关于热力学的论文从未有人认真读过。当克劳修斯和开尔文想要再次阅读这些论文时，却发现因为瘟疫暴发全部被防疫部门烧毁了。他们两位只能独立地发展出热力学第二定律。比起"网红"科学家们因为科研而享受到的无数赞誉，人们对英年早逝的法国工程师卡诺，仅留下以他的名字命名的"卡诺循环"作为对他不朽工作的纪念。

卡诺虽然是位工程师，但他在热力学的主要贡献完全是基于思想实验的产物。就像我们所熟知的，专利局审理员爱因斯坦在思考运动列车和下落电梯中光线运行

的规律时，得出相对论理论一样，卡诺循环也是思想实验的结果。思想实验从来都是科学发展中最重要的方法。

热机就是利用热能做功的机器，更为准确的定义为：一个运行于循环过程中将热能转化为功的系统。热机必须是一个循环，在持续运行中提供稳定的功率输出。在卡诺所处的年代，蒸汽机是热机的典型代表。卡诺所想象的热机没有摩擦损失、没有漏气、没有热能耗散。那么在这样的条件下，理想的热机能将多少热能转化为功呢？需要说明的是，在当时热力学第一定律还未建立，卡诺所相信的热能还是作为"热质"被人们所理解。

在卡诺的理想假设中，最为关键的是"可逆循环"的概念。逻辑上可以证明，可逆循环是所有热力循环中能量转换的极限。举个简单的例子即可理解这一过程。如果将"热能"当作人民币，将"功"当作美元，理论上汇率 6.8 意味着对于任何个人或者机构来说，如果想用人民币兑换美元，至少要花费 6.8 元人民币才能兑换 1 美元。如何证明至少花费 6.8 元人民币而不是更少呢？只需要在任何时间都能用 1 美元换 6.8 元人民币，就能证明这样的兑换是不亏的。因为如果有人愿意用 1 美元与你兑换 6.7 元人民币，你可以转手将这 1 美元换成 6.8 元人民币，以此赚取差价。无限次完成这样的交换，平白多出的 0.1 元人民币会让你的财产变成无穷大。可逆兑换性是评估货币价值的最有效尺度。纸币之所以能够取代金银等金属货币，正是因为最初的货币发行方承诺随时可以用纸币兑换金银。在一些极端情况下，当某国货币突然失去信用无法自由兑换为外币时，由于失去了尺度，该国货币会迅速贬值，甚至被所有人拒收。

只要正确认识可逆性，就能很容易理解卡诺循环的基本原理。卡诺循环的工质为理想气体，由 4 步组成：绝热压缩、等温膨胀吸热、绝热膨胀、等温压缩放热。对于理想气体来说，每个过程都是可逆的，所以可以推论出卡诺循环的效率是热机所能达到的效率极限。

通过卡诺循环可以推论出以下几个结论是等效的。

热量不能从低温物体传递到高温物体。——克劳修斯表述

热量不可能完全转化为功。——开尔文表述

卡诺循环是热机所能达到的效率极限。——卡诺热机表述

▲ 在黑市交易过程中，通常能够承诺可逆兑换性是信用的保障。只要在交易过程中永远承诺可逆兑换，对交易者来说，这意味着不需要承担损失的风险。卡诺循环所假设的可逆过程表示在这一过程中，热能向动能的转化率达到了理论极限

因为如果克劳修斯的表述是错误的，那么有温差的热量传递将成为可逆过程，可以设计出一个新的循环，通过无数次的传热换热以实现热量完全转化为功，所以另外两个命题也是错误的。同理也可以用反证法证明，如果这三个命题中有一个不成立，那么另两个也不成立。

卡诺循环为热机所能达到的效率极限，而通过理想气体的基本方程可以很容易地证明这一极限效率为

$$\eta = 1 - \frac{T_1}{T_h}$$

其中 T_1 是低温冷源的温度，T_h 是高温热源的温度，温度单位为开尔文，这也是开尔文给出的第一个温度定义方式。用理想热机所能达到的理论最高效率来定义温度，由于其中的温度为比值方式，还需要将水的三相点定义为273.16K。开尔文温标来自于通过理想气体计算的效率，其定义与用理想气体方程定义的温度是等价的。**开尔文的定义方式是当前热力学温度的通常定义**。至此，似乎对温度已经给出了一个明确的定义。但基于热力学第二定律的这一定义方式低估了问题的复杂性，根据第零定律，仅当不存在能量交换时，才可对温度进行测量，而开尔文的定义需要借助卡

诺循环，卡诺循环又必然伴随着能量的交换。也就是说，只有当系统无限大，能量交换对系统温度不产生影响时，两者才会统一。在这里，我们暂时满足于找到温度的定义，先来聊一聊人类对温度的利用技术。

设计一个高效循环

卡诺循环对热机的设计很重要，在卡诺循环提出后，不断有新的可应用于工程的热机被提出。迪塞尔循环、奥拓循环、布雷顿循环、朗肯循环等是其中最有代表性的。卡诺循环只是给出热力循环的理论，但不可实现，也不具有工程意义。绝热压缩与绝热膨胀相对容易近似，尽管在压缩和膨胀过程中会不可避免地产生一定的摩擦损失。但在等温条件下，事实上无法换热，在很小的温差下，由于换热速度过慢也无法实现。更主要的是，并不存在恒温的热源。对工程师来说，如果需要设计一个可行的热力循环，试图接近于卡诺循环并没有多少实际意义。但卡诺循环有一个性质对其他循环设计具有参考意义：循环的最大温度越高，效率越高，冷源温度越低，效率也越高。这一规律对大多数循环基本成立，但并不绝对。在实际应用条件中，冷源温度无法低于环境温度，而提高最高温度必然需要使用更昂贵的材料，还会影响热机的寿命和可靠性。

技术开始于一个基本原理，这一原理通常来自于科学，但基本原理只是技术的萌芽阶段，技术真正要解决的问题是在实现原理阶段所遇到的各种困难。很多看上去很有前景的原理，在浪费无数的人力物力后，仍以失败而告终。工程师们并不会为热力循环效率接近卡诺循环而努力，在实际应用中，可行性比高效率更有意义。

热源的分类

卡诺循环的理想热源是恒温的，在现实世界中，可以近似为这一类的热源种类很多。在某种意义上，不利用化学反应发热的热源基本都可以归为这一类。常见的如太阳能、地热能、核能等。太阳能热发电利用集热的方式获得持续的供热，理论上只要太阳强度不变，就可以一直维持在某一温度。在实际应用中，不同时期的日照强度会发生变化，需要利用太阳能储热发电时热源温度也会有所变化，但不论怎样至少存在维持热源温度不变的可能。地热能与太阳能类似，基本可以短期维持在某一温度。核能也是恒温热源，原因并不是不能达到更高的温度，而是出于安全的考虑，不允许温度超过设计的安全值。

这几种常见的恒温热源的共同特点是温度不高，太阳能一般不超过400℃，常规的核电站温度不超过300℃，地热温度更低，仅为100℃左右。温度低，热效率必然低，单位造价设备的发电量也低。尽管太阳能和地热能的能量获取看上去是免费的，核能看上去也类似，但设备造价昂贵使得这几种发电模式的成本一直很高。在工程上，造价昂贵是致命的缺点。

当前真正被广泛使用的热能来源于燃烧。工业革命始于蒸汽机时代，也就是技术上真正实现燃烧热能向功转化的时代。可用于燃烧的燃料多种多样，如煤炭、石油制品、天然气、生物质、酒精、工业废气、沼气、垃圾等。燃料可能是固体、液体、气体或各种形态的混合物。总之，都是一定比例的燃料与氧气发生化学反应释放热量。燃烧过程所能达到的最大理论温度由化学反应的放热量和反应后的烟气成分所决定。例如常温天然气与纯氧气反应的最高温度可以达到5600℃，而如果是常温天然气与空气反应最高温度只能达到2000多摄氏度。两者的差别在于在空气中燃烧时，反应生成的热量还需要加热空气中的氮气等其他气体。在燃烧过程中加入的空气量一般会多于实际所需的空气量，这样可以保证燃料被充分燃烧，但多加入的空气也会使燃烧所达到的温度下降。

如果认为燃烧温度越高，热效率越高，那么使用纯氧气是个好办法，也是一些时髦科研所推动的方向之一。为了申请课题，他们会说出纯氧燃烧的各种好处，如温升高、污染物少等。但目前没有材料能够承受5000多摄氏度的高温，在很多情况下2000℃都是难以达到的，至少在提高效率方面使用纯氧燃烧并没有什么优势。

不论采用何种燃烧形式，燃烧产生的热量都会被烟气所吸收，热机只能利用烟气中的热量做功。与前面所说的太阳能、地热能不同，烟气无法再次循环使用，只能直接或间接地排放出去。因此热源温度不是恒定的，当烟气中的温度被吸收后烟气温度会逐步降低，并在最终低到无法利用后排出。从能量守恒的角度看，排放的烟气温度越高，排放的烟气量越多，被利用的热量就越少。但热力学第二定律的结论已经给出，利用的热量多并不代表做出的有用功一定多，只有在高温区间利用热量做功效率才更高。

如何设计高效热机

利用热力学第一定律和热力学第二定律就基本可以判断出一个热机是否高效，是否具有改进的空间。从三个途径可以提高热机的效率：①尽量提高进入循环的总热量，减少散发的热量；②使热力循环尽量接近卡诺循环，提高循环效率；③尽量提高循环温度。

在技术上提高进入循环的热量最为简单，先做好保温工作，避免热量"跑冒滴漏"。比如太阳能集热会使用真空等方式隔热，还会通过提高吸热材料的黑度来增加吸热量。在需要将热量长距离输送的情况下，做好输送管路的保温也是必须的做法。让化学反应充分进行，使燃料充分燃烧。降低排烟温度，也就是让热量最大限度地参与循环，而不是排放出去。

这些看起来很容易想到的方法，对前人来说并不像想象中的那样显而易见。在电影镜头里，笨重的蒸汽机车是冒着黑烟、拉着汽笛的形象。冒着黑烟说明煤炭没有充分燃烧，汽笛意味着蒸汽没有做功，而是直接被排放到大气中了。那个年代，即使想到了能量充分利用的重要性，也很难实现。

这里要特别提到的是降低排烟温度。现在已经有各种技术可以实现这一点。例如现在所有的锅炉都会安装省煤器，作用是利用排烟预热锅炉给水，减少水在锅炉中吸收热量的同时也降低排烟温度。实际上火力发电厂为了降低排烟温度使用了各种各样利用烟气温度的办法，用烟气预热进入锅炉炉膛的空气，预热燃料，等等。在燃气轮机中，有时候会采用回热器，用烟气加热燃烧前的空气，合理使用回热器，燃气轮机的效率可以从 10% 升高到 30%。

将烟气用于预热可以简单有效地提高循环效率，但仍然受多种技术制约。对于使用烟气本身作为工质的循环来说，预热并不像想象中那么简单。从热力循环分析可以发现，在大多数情况下，烟气所携带的热量只有用于加热被压缩后且尚未被点燃的空气时，才可能提高循环效率。对于活塞式内燃机来说，由于经过压缩后迅速进入燃烧过程，没有可供换热的时间。另外由于空气压缩后温度会升高，因此压比越高，能从烟气中回收到的热量越少；高压比还会加大回热器的设计难度。世界上没有几个企业具有制造高性能燃气轮机回热器的能力。要想换热效率高，就需要将换热壁面做得尽量薄，而做得薄就无法承受高温高压。因此只有小功率燃气轮机才会使用回热器吸收烟气余热，大多数情况下燃气轮机的余热会被用于制造蒸汽、热水或驱动吸收式制冷，有时候也会直接排放掉，因为采用回热器吸收余热的代价并不小。大功率燃气轮机有意地提高烟气温度，用高温燃气加热锅炉带动蒸汽轮机发电。燃气 - 蒸汽联合循环是效率最高的热机，当前最高效的联合循环效率已超过 60%，接近工业技术的极限。

对于不直接采用烟气作为工质的循环来说，理论上可以通过烟气预热工质的方式将烟气温度降低至接近环境温度后排出，但这在技术上同样不可行。其中最大的技术障碍在于低温条件下，当烟气中含硫污染物 SO_3 的温度低于露点时会变成硫酸，腐蚀金属设备。烟气的露点受烟气中水蒸气含量和污染物含量的影响，排烟温度设计必须确保高于露点。

另一个有趣的问题是烟羽控制。烟羽是从烟囱中排出的可见烟体，很多时候外形为羽毛状。在早期烟囱中排出的可见烟体含有大量的有害气体和烟尘，使烟囱在公众脑海里是冒着黑烟的形象。但现在基于燃烧技术的进步和采用各种污染物处理手段，在满足排放要求的烟囱中排放的可见烟羽严格地说其实是水雾。现在的烟羽对环境产生的危害已经很低，但由于居民对污染物排放的厌恶心理，还是会将烟羽等同于污染。发电企业为了与周边居民建立良好的社会关系，都在加大力度消除烟羽。现在烟羽形成的主要原因是烟气中的水蒸气在空气中遇冷凝结后转化为水雾，因此消除烟羽的主要方法为除湿和提高烟气温度。消除烟羽的常用技术是先冷却烟气，使水蒸气液化分离，再加热烟气排出。要消除烟羽，就必须具有较高的排烟温度，这时效率已经不是发电企业所要关注的首要问题。

优化改进热力循环可以从根本上提高热机效率，也可以说采用的热力循环种类决定了热机本身的属性。我们常说的汽油机、柴油机、蒸汽轮机、航空发动机、燃气轮机等大多都对应着不同的热力循环。如果热力循环本身不具有优势，那么热机甚至会在技术上被彻底淘汰，代表着工业革命的蒸汽机就是由于热力循环的效率低而被技术淘汰。

卡诺循环的原理阐明了不可逆过程代表着不必要的损失，避免不可逆过程是提高循环效率的关键。换热过程是热机中最大的不可逆过程，换热温差越大，带来的不可逆越强，因此对循环的优化大多从换热上着手。在火力发电中，锅炉是主要的换热部件，减少锅炉换热温差最直接的办法是预热进入锅炉的水。将适量汽轮机中未完全做功的高温蒸汽提前抽出加热锅炉给水，使进入锅炉的给水温度尽量接近水的沸点。尽管这样会导致热机设备更为复杂，但综合考虑优缺点后，只要不危及可靠性，适当增加设备的复杂性是可以接受的。

提高循环效率的技术并不容易找到，相对来说，提高循环温度是能够直观提高效率的方法。前面提到的太阳能、地热能包括核能，都无法提高循环温度，瓶颈在于热源本身温度难以提升。对于大多数燃烧热源来说，因为燃烧所能达到的最大温度远高于当前实际可利用的温度，所以提高温度的难度在于热机设计。可以不太严谨地认为，热机设计的最大难度就在于与温度做斗争。要想热机效率高就必须高温，要想热机体积小就必须高压力和高转速，高温、高压和高转速三者叠加，使热机成为工业制造领域难度最高的设备之一。

从热力循环角度来看，使用特殊工质比直接使用烟气作为工质更容易达到高效率，例如使用水作为工质，利用水汽化体积膨胀的特性更容易实现高效率。但实际上，最先进的超超临界发电机组的效率也只有43%，很难进一步提高，其瓶颈在于换热器耐热温度。当烟气与工质换热时，换热器需要承受高温高压。换热器的温度必须高于工质循环的最高温度，才能实现换热过程，因此无法对换热器进行任何热防护，而且必须使用导热性能优异的材料。能承受高温的金属材料价格昂贵，且在换热器中需求量巨大，你能想象用黄金制造一个发电厂的锅炉吗？

现有蒸汽轮机的最高工作温度为650℃，进一步提高到700℃的技术探索基本处于搁置状态，造价昂贵、技术复杂，再加上公众对火力发电站的敌视，使电力制造企业没有多少动力进一步投入资金研发。

如果用烟气作为工质，就可以省掉换热过程和换热器。没有换热器，就可对热机部件进行热防护，并以此来提高发动机的工作温度。内燃机通过冷却水冷却气缸，内部燃烧温度可以达到2000℃以上。虽然航空发动机和燃气轮机通常不采用水冷，但可以通过复杂的空气冷却系统、耐高温涂层、非金属材料等技术将工作温度提高，先进的燃气轮机的工作温度已经可以达到1600℃。工作温度为1600℃的燃气轮机烟气余热在余热锅炉中被再次利用，带动蒸汽轮机发电，实现燃气－蒸汽联合循环后，热效率已经达到60%以上，基本达到热机效率的极限。

▲ 发动机燃烧室内部温度极高，但燃烧室本身由于冷却作用，温度并不高

　　使用烟气作为工质对燃料的要求十分严格，由于烟气本身参与循环，在燃料燃烧后才能参与做功，因此要求燃烧速度足够快，同时不能带有过多的杂质。煤炭是工业革命初期的主要燃料，但煤炭燃烧速度慢，且燃烧后的烟气中含有大量的粉尘，这使得煤炭不具备使用烟气作为循环的能力。目前只有液体和气体燃料满足这一要求，而且这些燃料还需要精炼处理，比如石油需要精炼为汽油、柴油、煤油等容易燃烧、不易结焦、污染排放少的燃料再使用。而精炼剩余的重油产品只能用于锅炉燃烧。

　　通过煤气化技术，煤炭经化学反应生成可燃气体，这时就可作为燃气轮机等发电设备的燃料，使用烟气作为工质循环做功提高效率。但实际应用过程中，煤气化并没有那么完美。煤气化本身会损失很多能量，使得效率提高作用并不明显，甚至会导致总效率降低。效率上没有优势，复杂的煤气化系统，以及燃气轮机联合循环发电系统的造价，使得煤气化发电技术的设备成本数倍于火力发电。

　　为支撑煤气化项目的经费投入，只能在效率之外找其他理由获得支持，比如起一个好听的名字——煤洁净利用，就是从环保角度寻找煤气化技术的优势。但环保同样需要考量价格因素，煤粉锅炉通常在煤炭燃烧后进行污染物处理，煤气化技术可以在燃烧发生之前就对污染物进行处理。但以目前的技术水平来看，煤气化的环保优势并不像构想得那样好，因为抛开成本谈论污染治理技术本身就是在空谈。

另一个需要注意的问题是，煤气化只能去除燃料中已有的污染物，无法去除燃烧过程中新产生的污染物。氮氧化物（NO_x）是导致大气污染的重要成分，但很多时候氮氧化物并非来自于燃料本身，而是燃烧过程高温空气中氮气与氧气在高温条件下发生化学反应的结果。通过燃烧方式设计来控制氮氧化物的排放，是各种发动机设计时的重要研究内容之一。由于燃烧过程会产生氮氧化物，因此通过煤气化技术并不能从根本上解决污染问题。而且煤气化过程的污染也不容易忽视，大多数时候煤气化工厂附近的污染问题远比火力发电厂要严重。

技术进步的要素

能源技术是人类生活最关注的技术之一，但新的能源技术产生速度远不像想象的那么快，甚至已经停滞不前，大多数工作只是在原有基础上有限地提高性能，很少有创造性的成果出现。在技术探索上，从来都不缺少新的想法，但可实现的却少之又少。

现代的技术进步已经不再是工业革命前纯靠手工艺人经验积累，再口口相传。一项技术的发明首先需要一个新的科学原理，如电磁理论、无线电波、青霉菌、质能守恒方程等，然后是将这一科学原理实现。

但技术与科学之间存在着明显的鸿沟，且一直被忽视。当有科学现象被发现时，急功近利的人们都希望尽快在技术上得到实现，甚至不惜投入大量的人力和物力进行技术研发，但结果往往是以失败而告终。

从原子弹和氢弹爆炸开始，人们就梦想着靠核能一劳永逸地解决世界能源需求。但事实是几十年过去了，工业应用的核裂变仍仅限于铀作为燃料的裂变反应，不仅发电成本远高于火力发电，还有包括安全性、核燃料稀缺、核废料难以处理等大量技术问题有待解决。核电技术没有成熟，但弃核的声音却越来越大，美国和欧盟等发达国家和地区的核电站都在逐步减少。

可控核聚变，据说是可以解决未来所有能源需求的终极技术，但目前仍没有实质性研究进展。当前主流的核聚变技术是被称为托卡马克装置的技术，通过强磁场约束住高温等离子体，让核聚变在高温下发生。经过多年的实验，仍没有一个成功的核聚变装置可以持续反应。而且从理论上，托卡马克装置似乎并不可行。强磁场本身需要消耗大量的能量，即使使用超导体产生磁场，但维持超导所需的低温仍需要消耗电能。强磁场只能约束住带电荷的等离子体，但对高速中子没有约束能力。经过几十年的发展，仍没有一个核聚变的反应堆能够真正持续输出能量。可以预见到，如果没有原理上的创新，以现在的技术方案，无论怎么尝试都是在做无用功，白白浪费研究经费。

科学原理与技术实现之间所需的科学储备和技术储备远超急功近利者的想象，而在时机不成熟时，贸然开展的技术尝试大都是徒劳的无用功。在工业革命时代前不乏技术爱好者去尝试这种毫无希望的"技术研究"。我国历史上有万户飞天的传说，有个官员把自己绑在鞭炮上试图飞上天，结局必然是惨烈的失败。利用火药产生推力在科学原理上是正确的，但在那个时代，与成功制造一枚火箭或者载人飞行器所需的科学知识相去甚远。古人也尝试过制造翅膀像鸟一样飞翔，从原理上看，在空中飞翔理论上是完全可行的，但与制造飞机所需的基础理论相比还远远不足。如果在古代，皇帝投入大量经费用于火箭或者飞机的研制，会对科学或者技术进步有帮助么？用现代的视角看，古人研制的火箭或者飞翔技术就像长生不老药一样，是不可能实现的目标，古代用火药进行的"载人航天"实验，对现代火箭技术的进步并没有实质性推动作用。

▲ 万户飞天一类的"科学尝试"对现代科学技术发展不会起到任何推动作用，只会带来不必要的人力物力投入。在自然规律认识仅停留在初级阶段时，贸然投入开展应用技术研究，甚至大规模开展应用示范往往得不偿失

政府主导的技术进步

现代政府为了技术进步，会花费昂贵的代价支持技术研发，其中不乏大量成功的案例，像曼哈顿计划、阿波罗计划等都是在政府主导研究下成功的。政府投入成功的案例经常出现于太空探索、武器研制、卫生环保等。古埃及人就可以在政府主导下建造金字塔，在现代人看来，以人类当时的技术水平根本无法建成那样的建筑，甚至动用工程机械都未必能建成，但古埃及人就是完成了。政府靠集中人力物力或仅仅通过资金补贴的方式，就可以在很大程度上推动技术进步的进程。此外，政府主导科研的活跃领域通常是技术落后领域，往往通过国家补贴实现赶超。

只有愚蠢的人才不理解科研投入的重要意义。

▲ 不要一厢情愿地认为科学家的道德素质会高于《皇帝的新装》中的骗子，为使所从事的学科领域获得资金支持，他们一样会夸大其词地游说政府，将所有提议削减科研投入的建议都归结为愚蠢。现代版《皇帝的新装》故事不会消失，只会发生得更为频繁和隐蔽

但政府主导的科研并不会总成功。在《皇帝的新装》里，两个骗子向国王许诺掌握缝制最漂亮衣服的技术，并向其申请大量的研究经费，为防止骗术被发现，骗子将对这项技术提出质疑的人污蔑为愚蠢的人。我国古代的帝王们在抗衰老药物的研制中，经费投入从不吝惜，其中的"科研人员"未必都是骗子，很多研制仙丹的道士深信自己掌握了长生不老的理论，才会冒着生命危险将仙丹献给帝王。但事实

是，服用仙丹的皇帝大多以中毒而结束生命。

技术发明通常有自身的发展规律。集中力量确实可以办大事，但有时也会揠苗助长，白白浪费人力物力。而且技术进步是长期的过程，就像生物进化一样，技术也是不断进化的过程。经费投入并不能一劳永逸，一旦减少或者停止投入，技术不仅不会进步，甚至会退步。很多大型公司，在技术投入放松后，产品质量会出现明显退步，甚至再也生产不出原来水平的产品。

对研究投入所产生的效果过分乐观，会导致经费投入过于盲目，甚至为了科研投入而投入。

或许将经费用于教育而不是直接用于科研会更有效。提高全民科学素质，技术的进步会自然而然地发生。应该由企业去承担技术研究的风险，并享受技术进步的收益。

第 10 章　熵

人类一思考，上帝就发笑。——米兰·昆德拉

谁道人生无再少？门前流水尚能西。——苏轼

"熵"是一个流行的概念，几乎每个科学从业者都认为自己理解这个概念，或者说以不理解"熵"为耻。香农在提出信息熵的概念时，并不知道应该取什么样的名字，冯·诺依曼建议他取名为"熵"，理由是这样很时髦，反正也没人理解什么是熵。

克劳修斯的熵

熵最早是作为热力学第二定律的一种表述形式，由克劳修斯提出。克劳修斯新创造的单词 entropy（熵）的意思为 energy（能量）与 trope（转向）。熵的中文是胡刚复翻译的，为"火 + 商"，"商"在汉语中为除的意思，熵表示能量 / 温度，这与克劳修斯对熵的定义基本一致。与所有物理名词一样，用什么单词或者汉字表示并不重要，重要的是这一物理名词的实际含义。

克劳修斯的熵的定义为

$$dS = \frac{dE}{T}$$

其中 S 为熵，E 为系统的总能量。克劳修斯定义的熵是一个状态函数，也就是当系统处于平衡状态时，具有明确固定的值，这一数值与达到这一状态时的方式无关。状态函数是很普遍存在的量，比如温度、压力、体积等，就是通常的状态函数。克劳

修斯通过推导证明出热力学第二定律的另一种表述:

对于孤立系统,发生任何变化,系统总熵的变化都会大于等于零。

这其实是热力学第二定律的另一种表述,与"热量只能由高温物体向低温物体传递"等价。

宇宙的归宿——热寂

作为状态函数所定义的熵,概念明确,推导的结论也让人信服。唯一让人不快的地方是克劳修斯和开尔文将其推广到宇宙学,提出了热寂说。既然熵是一直增加的,那么宇宙最终会达到熵增的极限,整个宇宙都将变成同样的温度。

▲ 康德的"二律背反"认为,类似时间起点、宇宙终点等问题永远无法给出确定性判断

热寂说可以算作第一个从科学角度预言宇宙演化规律的学说,预言的结论有些悲观,现在也不再流行。但不流行并不代表热寂说就是错的,凡是对人类所能认知范围外的判断都面临康德所提出的"二律背反"。康德认为存在两种相互矛盾的理论,无法判断这两者谁对谁错。例如"时间有起点"或"时间没有起点"和"宇宙有终点"或"宇宙没有终点"。热寂说预言了宇宙存在一个死寂沉沉的终点,可以不喜欢这一预言,但无法判断这一预言是对还是错。

从理论上无法认定热寂说是正确的，因为热寂说的理论基础是热力学第二定律。即使热力学第二定律在整个宇宙演化过程中都是正确的，也需要假设宇宙是一个孤立系统，才能得出宇宙熵只能增加的结论。但宇宙是否为孤立系统本身就是"二律背反"的问题，无法得到明确的答案。

以目前的观察现象来看，宇宙似乎是在不断膨胀的，证据是哈勃发现的恒星红移现象。宇宙中所有的恒星都在不断彼此远离。如果宇宙一直膨胀下去，就永远不会达到平衡状态，因此热寂说也就不会成立。但宇宙在膨胀只是观察的结论，只能证明现在宇宙是膨胀的，未来某一时刻开始，宇宙也可能会由膨胀转为收缩。

反过来也无法证明热寂说是错误的，至今很多科学家都坚信热力学第二定律是宇宙终极定律之一，热寂说又是热力学第二定律的可能推论。

温度的定义

如果将熵的公式稍加变化，即可得到关于温度的新定义形式：

$$\frac{1}{T} = \frac{\mathrm{d}S}{\mathrm{d}E}$$

将温度倒数定义为系统熵对于能量的导数，这一定义方式可以避免开尔文定义中需要借助卡诺循环的定义方式，不需要引入理想气体假设，不需要无限大的系统维持温度稳定。但唯一的问题在于需要重新给出熵的定义，避免重复定义，玻尔兹曼恰好给出了答案。

玻尔兹曼与熵

读过理想气体温度的读者应该还记得玻尔兹曼常数和以此为基础完成的对温度的定义。玻尔兹曼更大的贡献在于给出了熵的定义：

熵是衡量事物混乱程度的度量。

正像前面提到的，热力学第二定律是来源于经验的定律，从逻辑上无法推论出它永远正确。但玻尔兹曼试图改变这一点，他开创了统计力学，将牛顿经典力学理论用于解释和证明热力学第二定律。玻尔兹曼的方法在理想气体一章已经提到。假设气体由粒子组成，而熵与这些粒子所能存在的状态数量多少有关。在玻尔兹曼的墓碑上雕刻着熵的经典公式：

$$S=k \log W$$

其中 S 就是熵，k 是玻尔兹曼常数，而 W 就是系统可能具有的所有状态数量。这就是被庸俗解读为熵代表混乱程度的来源。系统具有的可能状态数越多，代表越混乱？"混乱"并不是一个严格科学意义的词汇，更像一个反映个人好恶的情感表达，或者一个美学词汇。同样的油画颜料，被绘制成达·芬奇的蒙娜丽莎或是梵高的星空，哪个更混乱呢？用"混乱"或者"无序"这样的主观名词来定义熵，会让人对熵的理解更加混乱和无序。

▲ 梵高的画是艺术精品还是混乱的涂鸦？混乱定义具有很强的主观性，不同人的理解完全不同

　　为理解玻尔兹曼所说的状态数量，简化的例子可以想象有一个监狱，10 个房间，每个房间里各有 1 名犯人。每天晚上锁门前狱卒都会清点人数，确保每个犯人都在自己房间里。这也就表示犯人所在房间只有唯一的可能。有一天晚上，狱卒忘了锁门，那么任何一个犯人都可能进入任何一个房间，可能性为 10^{10}。从另一个角度想，一个晚上不记得锁门的监狱，管理确实十分混乱。如果把犯人想象成不同成分的气体混

合在一起，或者不同温度的物体接触，很容易证明出物质的可能能态会增加，在最后达到平衡时熵会增加。

玻尔兹曼在开启从宏观到微观大门的同时，也开启了各种争议。玻尔兹曼的一生都在争议中度过，很遗憾，他最终因为巨大的心理压力而自杀。在他死后，玻尔兹曼的思想才逐渐被接受，被还原主义作为成功应用的典范。

原子论与还原主义

玻尔兹曼的理论基础在于物质是由大量原子组成的，原子的随机运动决定了熵，这也是玻尔兹曼理论在当时受到强烈反对的原因。奥斯特瓦尔德是原子论的最后反对者，也是玻尔兹曼的最大敌人。而最终，在玻尔兹曼死后若干年，奥斯特瓦尔德接受了原子论。

"原子"最初的提法来自于古希腊人德谟克利特，在他看来万物都是由原子组成的，原子以外都是虚空。古希腊人所说的原子与现代科学所说的原子意义并不一样，在前面已经反复强调过多次，切勿望文生义地理解科学概念，认为德谟克利特或者玻尔兹曼已经正确认识了原子。不同时代，相同的名词所代表的意义完全不同，古希腊人所说的原子与现代科学所说的原子毫无联系，只是借用了名字而已。道尔顿的原子只是为了处理化学反应过程的一种便捷方式，同样地，卢瑟福的原子与量子力学时代的原子之间的共同点也只是名字相同而已。

但一直以来，原子论都代表着还原主义的主要哲学理念。反对者与其说是反对玻尔兹曼，不如说是反对还原主义的哲学。还原主义其实是将复杂问题简化的一种思维方式，在科学上，主要是试图将科学定律简化为更基础的理论。比如让还原主义者研究狗的条件反射，他们大概不会像巴普洛夫一样，发现条件反射规律就结束，而会去研究神经细胞工作原理，信号传导机制，甚至去研究生物化学反应的过程。在物理学上，把物理定律归结为几个简单的力学公式是最直观的目标，例如牛顿用三大定律解释全部行星的运行轨迹。

玻尔兹曼借用统计方法将热力学问题与力学问题统一起来，至今仍被认为是还原主义最具标志性的成果。不仅可以利用统计力学解释温度、压力、熵增等现象，还可以计算气体热容、相变点、汽化潜热等参数。但不幸的是，当仔细探究统计热力学所取得的成果时会发现，这些只是对现有现象的解释而已，统计热力学并不具有发现新现象的能力。就像在理想气体一章我们所讲的，利用统计热力学的结论只是从另一个角度再次解释理想气体定律而已，统计热力学依赖于各种假设，如弹性粒子假设、粒子随机独立假设等。将热力学问题还原为粒子运动力学计算的梦想不可能实现。

还原主义可能会梦想着不只是解释现象，也要对现象进行预测。如用力学计算预测化学过程，又或者用 DNA 分子结构预测生物遗传特征。但这些方法以当前的计算能力难以成功，也给还原主义带来了不好的名声。

拉普拉斯的"恶魔"宣称，如果知道宇宙中每个物质确切的位置和动量，就能够使用牛顿定律来计算宇宙的过去及未来。这类的决定论言论给还原主义带来众多的敌人，幸好庞加莱的动力学理论给还原主义预测的梦想致命一击。在著名的"三体"理论中，庞加莱证明，即使只是三个星体的简单运动问题，解对初始参数的精度都具有极强的敏感性，很小的误差就会对结果产生很大的影响。只是简单地将太阳、地球、月球等三个星体简化为刚性小球，并不考虑潮汐等附加因素，预测无限远的将来三者的运行轨迹都是不可能的。尽管庞加莱还证明了日地月这种质量相差悬殊的三体问题并没有想象中的那样不确定，但对不确定性夸大的描述甚至危害到科学体系的发展。由此产生了一个新的名词——混沌。

混沌指在一个确定性理论描述的系统中，其行为却表现为不确定性、不可重复、不可预测的现象。数学家们都擅长构造那种方程简单却难以求解的例子。在洛伦兹的动力学理论中，将天气预报的不确定性夸张地表述为"蝴蝶效应"，对公众庸俗的解释就是，亚马逊热带雨林的一只蝴蝶动一下翅膀，会在太平洋引起一场暴雨。或许科普作家的猎奇心理使得"蝴蝶效应"这一明显违反常理的结论被广为流传，以此来嘲笑天气预报的不可信。

气象预报已经成为现代社会不可或缺的技术手段，也从日常出行到减灾救灾，方方面面改变着人类生活。被忽略掉的事实是，如果将洛伦兹方程构建时，为简化问题而被有意或无意忽略掉的量重新加入到方程中，"蝴蝶效应"反而难以发生了。

与洛伦兹方程一样，大多数看似简单的混沌方程都是数学家的障眼法而已，真实世界中并无多少夸张的混沌效应。

对于工程师来说，利用还原主义的基本方程和数值分析的方法，正在逐渐解决各类复杂问题，飞机设计、化学反应过程、原子弹爆炸、天气预报，只要是能够建立基本方程的领域，不论问题多么复杂，还原主义都在发挥重要的作用。虽然计算方法的使用者不得不承认这些计算有多么不准确，连简单的管道内水流湍流流动都无法准确计算。但数值模拟无疑仍然是一种非常好用的方法。

▲ 蝴蝶效应是为了夸大混沌现象而人为构建出的数学模型，更像是数学游戏。在真实世界中发生蝴蝶效应的可能性微乎其微

只有在特定条件下，才会发生真正的混沌现象，大多数时候只是在有限度范围的不确定而已。太阳每天会照常升起，蝴蝶也不会引起什么热带风暴。猎奇式的科普无助于人们增长知识，也无助于对还原主义产生正确的认识。

吉布斯佯谬

玻尔兹曼对熵的定义会遇到一个有趣的悖论，就是吉布斯佯谬。吉布斯佯谬涉及的是混合熵问题。根据熵的原理，混合是不可逆过程，代表着熵增过程。例如一盒黑色棋子与一盒白色棋子，放在一起，容易形成黑白混合的混乱分布，而要将混乱状态的棋子区分开，则需要很多的精力。混合熵问题是对热力学第二定律的扩展，与热力学第二定律只关注温度传递问题不同。引入混合熵概念后，熵几乎可以解释全部不可逆过程。成语"覆水难收"正是对这一类混合熵问题的形象解释。当水与泥土混合在一起时，代表着熵的增加。同样，氮气与氧气很容易混合在一起，想要从空气中分离出纯净的氮气和氧气则需要复杂的空分设备，并耗费额外的能量。

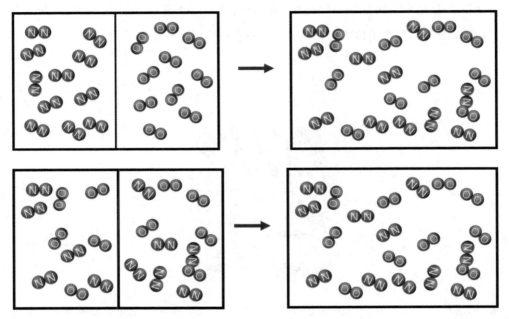

▲ 在两种不同气体混合问题上，可以用混合熵解释混合过程的不可逆，但是对同一种气体来说，在混合熵的使用中就会存在吉布斯佯谬

应用玻尔兹曼的定义很容易对混合熵给出解释，就像前面提到的监狱的例子所表述的那样，可以证明将两种不同气体混合在一起后熵会增加。正如在一杯纯净水中滴入一滴墨汁，最终墨汁会扩散污染整杯纯净水。想要再还原为一杯纯净水和一滴墨汁，则必须付出额外的努力。但显而易见的问题中存在着佯谬。如果在一杯纯净水中滴入一滴同样的纯净水将会怎样？很显然，熵并不会增加。否则，无限重复滴入、吸出、再滴入的过程，系统的熵将变成无穷大。滴入纯净水和滴入墨汁的差别到底在哪里？如果逐渐降低墨汁的浓度，直到肉眼无法分辨，但滴入这样一滴无

法看到颜色的墨汁，系统的熵仍然会增加，直到墨汁已经被净化为纯净水，滴入过程才不会增加系统熵。

吉布斯发现这一佯谬问题在于同一种粒子应当看作不可区分的，因此在计算可能状态 W 时，应该除以离子数量的阶乘 $N!$，这是一个不太复杂的排列组合问题。把 5 个不同颜色的小球放入 10 个不同的筐内，会有 $A(10,5)$ 种摆放方式，而如果这 5 个小球长得一模一样，应该有 $C(10,5)$ 种摆放方式。筐数就代表了粒子可能的能态数量，小球代表分子数量。

$$A(10,5)=C(10,5)\times 5!$$

考虑到同种气体的不可分辨性，当计算可能能态数 W 时，对同一种气体除以 $N!$，吉布斯佯谬就会消失，相同气体混合后熵将不会发生变化。将粒子的可能能态假想为小球放在筐里，需要假设粒子的能态并非连续量，而是呈现量子力学所描述的非连续量子态。吉布斯时代并未建立量子力学，只是为了解决问题才不得不采用这样的方法。当量子力学建立并发展为量子统计力学时，吉布斯的方法才真正具有逻辑完整性。

需要注意的是，这里我们需要假设一个筐内不允许放相同的小球，也就是不同的粒子不能处于相同的能态，上述计算才正确。当粒子可能的能态数目远大于粒子数量时，这一假设是成立的。实验证明，在常温下，大多数分子的能态密度都远高于分子密度，可以认为假设成立。但如果所研究的对象为电子，在金属中电子密度远大于电子的量子密度，需要更为复杂的计算。

另一个问题是，在计算时需要求解 $\log(N!)$，只有当 N 足够大时，利用数学中的斯特林近似公式才能计算出熵增为零。所以严格意义上，即使采用吉布斯的方法，计算的熵增也只是近似为零，并非绝对为零。这并不难理解，实际上当一滴水混入水杯后，如果水滴中的分子数量是有限的时，想要严格还原为分子数完全相同的一滴水的状态并不容易。也就是说，即使水分子都长得一样，提取 1 滴水或 1mL 水很容易，想要不多不少地提取出 100 个水分子却十分困难。

可分辨的悖论

更深层次的问题在于如何定义不可分辨性，这更像是哲学问题。莱布尼茨说："世界上没有两片完全相同的树叶"。很多时候，是否可以分辨依赖于观察者对差异的识别能力。在脸盲症患者看来，很多人并无差异；外人难以分辨双胞胎，但对他们的父母来说却是轻而易举的事情；企鹅能在数千只企鹅中找到自己的配偶，而对于人类来说它们都长得一模一样。一袋豆子大小各异，DNA结构也会存在差异，但难以有人对其作出区分。在研究豆子的混合熵问题时，是否应该将豆子作为不可区分？

▲ 可分辨性依赖于观察者的鉴别能力，在不同的分辨能力下，对混合熵的定义会存在巨大差异（世界上是否真的存在能分辨出红酒原产地和生产年份的品酒师？）

世界上是否存在两个相同的原子或分子还与科学的认识水平相关。区分同位素与同构异型体，需要足够的物理化学知识和精确的测量技术才能实现。粒子所处的位置本身也是对其进行分辨的重要因素。试想一下，如果有"精灵"具有紧盯住某一分子运动轨迹的能力，就可以将被他所锁定的这个分子与其他分子区分开。将这一分子还原为初始位置将是不可逆过程。这样看起来，混合熵与不可分辨性的关系更像是主观定义，完全依赖于人的分辨能力而不是物理实际。

研究氢气与氧气混合后熵的变化问题时，又会得出完全不同的两种结果。在室温条件下，一般意义上认为氢气与氧气不会发生化学反应。但总存在某些高速氢分子与氧分子碰撞后突破化学反应壁垒的概率，从这种意义上说，只要时间足够长，氢气与氧气混合就会完全发生化学反应，尽管时间跨度会是几万年，但这才是真正理论意义的稳态。如果时间更长，甚至长到原子核发生衰变，情况又会不同。混合熵的计算依赖于主观对达到稳态的定义，而不是物理事实。

当引入量子力学时，不可分辨性又变得更为复杂。如果接受哥本哈根诠释，在量子系统中粒子为量子态存在，以波函数来描述。波函数只描述粒子处于某一状态的概率，粒子无处不在又不真正处于某一位置某一状态，一旦对粒子识别后，测量的动作会造成"坍缩"，测量本身会对状态发生影响。

著名的"薛定谔的猫"描述了当把量子的不确定性与宏观的猫的生死相联系时出现的悖

不论你怎么洗牌，我都能轻易找到红桃A。

▲　魔术师会通过在纸牌上做隐藏记号等方式分辨出扑克牌。由于隐藏记号的存在，魔术师和观众对纸牌"混乱度"的理解存在巨大差异

论。在量子态，有很多量与测量相关，例如原子是否衰变、电子所处的位置等。根据量子力学理论，在测量发生前，状态并未确定，在测量发生时，量子的状态才会确定。这相当于有人去看一眼猫才能决定猫的生死。薛定谔的猫的生死竟然依赖于人的主观意识。

量子力学一直是科普作家创作的热点，相关的延伸阅读很容易找到。这种看起来"好玩"的科学更容易吸引读者，带来流量。但读者应该了解当前对量子认识的工具主义倾向，哥本哈根诠释更是把工具主义变成了科学界的统一标准。哥本哈根诠释的工具主义解释，其实与热质说等概念类似，是否应该接受，更大程度上是哲学选择问题，而非真相本身。

回到熵的问题，玻尔兹曼时代正处于量子力学的萌芽阶段，用刚性粒子定义的熵存在众多缺陷。与量子力学的融合问题就是其中之一。量子统计力学并未从根本上解决问题，更多的是在遇到问题后修修补补，何况量子力学本身的工具主义也会损害熵概念微观解释的价值，玻尔兹曼对熵的定义并不那么完美。

失忆的麦克斯韦妖

麦克斯韦妖是物理学众多思想实验中著名的一个。就像伽利略想象两个不同重量的小球捆绑在一起下落，爱因斯坦想象人随着光速在飞行一样，大多数时候，思想实验比实际物理实验更有意义。传说中的比萨斜塔抛球实验即使真的进行过，效果也未必理想，但思想实验却不存在这样的风险。

著名的物理学家麦克斯韦，在其短暂的一生中，谦虚、低调、富有创造力、成果斐然，只是命运有些悲惨。以他名字命名的麦克斯韦妖一直是物理学中最著名的思想实验之一。

麦克斯韦想象了一个充满气体的容器，中间用一个绝热的挡板把容器分成左、右两个相同区域。挡板上有一个可控的阀门和一个有智慧的妖（就叫它麦克斯韦妖），妖通过测量气体分子穿过阀门时的速度来控制阀门的开关，让高于平均速度的分子从阀门左侧向右侧走，让低于平均速度的分子从阀门右侧向左侧走。假设在理想情况下开关阀门不做功，那么右侧分子的平均速度将越来越快，左侧将越来越慢。这相当于右侧的气体温度逐渐升高，左侧的气体温度逐渐降低。热力学第二定律认为无法从低温向高温传热，而这个麦克斯韦妖操纵的系统显然违反了热力学第二定律。类似的麦克斯韦妖还可以降低混合熵，例如识别并挑选出空气中的氮气分子和氧气分子。

当麦克斯韦妖提出后，首先关注是否真的需要"智慧"的妖。斯莫鲁霍夫斯基就设计了一种机构，将阀门一侧安装弹簧，这样阀门只有被一侧的高速分子撞击后才会打开。类似地还有费恩曼设计的棘轮机构。这些机构的特点都是试图设计一个单向的开关，让分子按照设计的方向运动。但如果这一开关不具有"智慧"，必然会失败。原因在于这些设计大都是利用宏观的原理考虑微观，而宏观现象与微观现象并不一致。例如斯莫鲁霍夫斯基的装置设计了一个弹簧作为区分分子速度的机构，在宏观下是可行的，可以设计这样一个机构把高速小球与低速小球区分开，但对微观现象并不成立。被撞击后，压缩的弹簧必然吸收分子的能量，碰撞后的分子即使逃逸到另一侧也已经不是原来的高速分子了。另外，如果不受外力作用，被碰撞后压缩的弹簧无法恢复为初始静止状态，而是不断地作往复运动。如果弹簧被碰撞变形后发热，又会通过碰撞周围分子将能量传递回去。

这类机构更像是布朗运动的实际应用。植物学家罗伯特·布朗在显微镜下观察悬浮在水中的花粉时，发现这些花粉在作无规则运动，称为布朗运动。当前对布朗运动的解释是由于分子的碰撞作用而引起的花粉运动。与很多科学结论一样，并没有任何观测手段观测到水分子碰撞花粉引起花粉运动的过程。爱因斯坦在他的论文中假设分子碰撞会导致布朗运动，并因此推导出悬浮颗粒扩散速度的规律。悬浮物的扩散速率是可以观测的量，而测量结果与爱因斯坦公式基本一致，因此至少可以相信分子碰撞的说法并没什么不好。就像前面所讲过的，我们相信日心说，并不是因为人类拍摄到了八大行星绕着太阳旋转的"全家福"，而是因为牛顿力学计算出的行星轨迹与观测结果大致相同。

统计力学借助概率理论，试图用力学来解决热力学问题，但不可避免地带来宏观与微观之间的矛盾。多次进行抛硬币实验，正面与反面的次数会趋于相同，但对单独一次抛硬币来说，要么是正面要么是反面。布朗运动正是由分子碰撞花粉的差异性所引起的。在热力学中，用涨落描述这种由于随机因素所引起的宏观量与统计学的偏差。布朗运动、系统噪声等都是涨落的宏观表现。涨落所表现的宏观特性通常与热力学第二定律是矛盾的，或者更为严格地说，涨落会引起局部的熵减少。因此斯莫鲁霍夫斯基的装置并不会完全不工作，但是也不能指望这个装置能持续工作。就像偶尔抛硬币会让正面出现的次数比反面多一些一样，但不可能永远多下去。因此看起来智慧是麦克斯韦妖所具有的必要因素。

下一个试图对妖的解释来源于测量。人们认为，如果妖想要知道分子的位置就需要光的照射，会带来熵的增加。但这一解释是错误的，人们已经构建了理论上可以耗费任意小的能量，以测量一个分子的位置和速度的方法。有趣的是，这一错误解释得到纠正的历史并不长，很多教科书仍然采用这一错误描述。这一古老问题竟然没有在 20 世纪初物理学飞速进步中被解决，才是更让人惊奇的事情。

问题的最终解释是妖本质上是一个具有信息存储能力的装置，装置的运行需要有记忆，也就是需要存储机构。而存储机构的容量是有限的，当信息存储超过容量后，不可避免地需要擦除重新存储，每次擦除的过程都是不可逆的。如果麦克斯韦妖的存储是无限的，理论上就可以让熵一直降低，但当它年老开始忘记一些事情时，所"亏欠"的熵会逐渐被回收。

▲ 将所存储的信息擦除的过程会导致熵增，当麦克斯韦妖由于脑容量不足需要擦除信息时，被"偷走"的熵将会归还给系统

信息熵

把信息与热力学熵联系起来既是一种必然，也是一种无奈。前面提到的吉布斯佯谬和麦克斯韦妖两个悖论的解决最终都不得不依赖于主观意识。而唯物主义者通常不愿意承认主观意识会对世界规律产生改变。但这些悖论的解决最终都依赖于观察和记忆。对分子状态的识别决定了系统熵的变化，如果不承认观察和记忆的作用，热力学第二定律就会面临着各种矛盾，信息熵就是用来填补热力学矛盾的补丁。

信息熵与热力学熵最大的联系在于他们都与概率相关，而且信息熵的公式恰好带有对数。对信息量的了解，最直观的一个成语——言多必失。如果什么都不说，就永远不会错，可能出错的概率越大信息量越大。"她生了个小孩"与"她生了个小男孩"相比，后者信息量是前者的 2 倍。当明确新生儿性别后，就已经排除掉另一半性别的可能性。信息量与概率有着重要的联系，"某地未发生地震"与"某地发生了地震"相比，信息量并不相同。东京发生地震（地震高发区域）与北京发生地震（地震低发区域）所携带的信息量也不相同。人们常抱怨新闻报道更关注于某地发生了持刀抢劫，而不是市民安全出行。实际生活中，持刀抢劫的发生概率越低，相应报道传递的信息量就越大。试想如果某地连能够安全回家都能成为新闻，这说明该地治安状况已经糟糕透顶。

信息论已经成为通信、数据传输、密码、数据压缩中的重要理论，也可以说是信息革命的重要理论基础。但信息论不是为了热力学熵而产生的，其成就也基本与热力学熵无关，只是都起名为"熵"，计算公式相似，又恰好信息熵可以用来解释麦克斯韦妖等热力学熵存在的逻辑缺陷。一切的根源或许就在于玻尔兹曼开启的微观熵，将本来看似清晰的熵变得扑朔迷离，越走越远。

当量子力学概念与信息相结合，量子熵（冯·诺依曼熵）就会变得更为有趣。在量子态下，概率会取代确定性，只有在测量发生后概率才会变为确定性。在量子力学中，测量过程是不可逆的，测量一旦发生，量子状态将会"坍缩"。

可以说，量子力学中的概念与人类宏观中的常识存在着很大的矛盾，只因为人看了一眼薛定谔的猫，这只猫就死掉了。问题是在地球存在智能生物之前，信息熵是否存在？量子力学所描述的"坍缩"是生物进化到什么程度才开始发生的呢？如果承认意识可以对物理定律产生影响，是否也给神迹提供了存在的可能性呢？或许可以把所有的测量、运算、存储等都归结为物理化学过程，把人的意识庸俗解释为一系列化学反应。但这样就没有信息可存在的空间，也无法解释"坍缩"不可逆。或许只有脱离信息熵和热力学熵，重新定义才能解决这种矛盾，但结果谁知道呢。而量子力学真正揭示了物理本质么？或许量子力学只是工具主义的产物，与物理本质无关，那么以此为基础建立新的熵是否具有意义呢？

非平衡状态下的熵

熵理论被通俗理解为混乱程度增加，但这样的理解并不完全正确。在热力学第二定律中，系统熵增只适用于孤立系统，是系统达到最终稳定平衡时的状态量。但真实世界是开放的系统，从未达到过平衡状态。在非平衡状态的开放系统中，熵并不持续增长，甚至会出现降低。这与热力学第二定律并不矛盾。在开放系统中，如果进入系统的熵为负，那么系统本身产生的熵会被负熵所抵消，整个孤立系统熵在增加，但对其中的开放子系统来说，熵可能增加，也可能减少。

当远离平衡态时，系统自动变为有序的行为称为耗散结构。通常贝纳德对流或化学振荡会被作为解释非平衡态下有序变化的例子。贝纳德对流描述了对流体底部加热时，当温差引起对流强度足够大时，流体就会形成美丽规则的六角形花纹。化学震荡指化学反应与逆反应周期交替出现的一种特殊现象。但事实上，在远离平衡态下，系统自组织有序行为是极为常见的行为，比如水受冷会结晶成美丽的雪花，或者湍流的河水中有序的浪花。非平衡态下的有组织性不仅表现在自然领域，在社会科学中也经常借用来解释一些现象，所谓的乱世出英雄就是非平衡态社会结构下自组织行为的例子。

在生物学中，生物的产生和进化是地球孕育生命的原因所在，也是非平衡下熵减的例子。生命体靠外界负熵流维持生命，光合作用是绝大多数生物负熵的源泉。负熵在食物链中逐渐流传，最终太阳能转化为高熵的热量消失在环境中。生命是如何产生的尽管仍不清楚，但正是生命体的有序组织，不断使生命体由简单到复杂，逐渐进化出多样的生物群体。幸好有阳光不断向地球输送负熵，使地球生物得以生存繁衍。对生物来说，太阳的意义不在于热量，而在于熵。即使太阳传递到地球的辐射热能完全被散发回宇宙中，但由于太阳辐射温度更高，发射到地球的光子的熵远低于由地球辐射出的光子的熵，两者之间的差正是地球负熵的最主要来源。也幸好有太阳存在，地球的热寂才不会到来。

自组织与对称破缺

在自组织过程中，对称性缺失是典型的自组织行为。贝纳德对流和液体结晶都表现为对称性缺失，用更为专业的术语来说，就是对称破缺。无规律的液体变成有规律的晶体是对称破缺？这并不难理解，只要不将"美学思维"代入到评判准则中就很容易理解这一点。在液体中，由于分子无规则运动，因此可以近似为处处相同，无法区分出不同位置的液体有什么差异，这代表处处对称。而规则的晶体只是围绕少数几个特定的对称轴才表现出对称性。对称代表无序，对称破缺代表有序。

对称破缺概念的影响远比想象得深远，幸好世界是不对称的，才会有人类的存在。如果宇宙起源于一次奇点的大爆炸，那么爆炸产物似乎应该各向对称均匀分布，充满同样数量的正物质和反物质，随时会发生湮灭，永远无法产生多样的宇宙。现代的解释认为，在爆炸后的冷却膨胀过程中，宇称不守恒发生，对称破缺产生了质量和光。显然，这种解释透着"人存理论"的影子，因为世界只有对称破缺才能被观测，所以必然在某一时刻发生了对称破缺。苹果为什么会落地？因为不落地的苹果无法繁殖后代被淘汰掉了。

类似的科学解释被包裹在复杂的科学理论中，竟然成为很多宇宙学理论的基础。根据宇宙学理论，宇宙产生之初就被"制备"为低熵系统，宇宙背景温度仅为 3K，宇宙极其空旷却又有大量高质量物质聚集的星系存在，这些星系中又存在着发光发热的恒星，在引力场作用下稳定地旋转着，并孕育了地球生物和人类。如果大爆炸理论正确，那么如此美妙的宇宙仅仅是因为几次对称破缺就产生了吗？而热力学第二定理中的熵会持续增长，真的是宇宙的最终发展方向？热寂是不可避免的未来？又或者这仅仅是年轻时期宇宙的一种对称破缺，当宇宙熵增达到最大时，宇宙是否会转为熵减呢？这些问题以人类短暂的历史是无法给出正确判断的。

▲ "人存理论"认为只有地球环境处于低熵状态才会有人类存在，为了使人类存在，现有的自然定律就必然是正确的

时间是什么

时间是什么，这是最难以回答的问题之一。在众多动力学方程中，时间并不具有方向性，任何力学运动在时间上都具有反演性。将动力学方程中的时间项加上负号并不影响方程本身，但时间却又是永远向前的，时光流逝是必然的规律。或许在相对论下，时间的流逝会变慢，但绝无可能再回到过去。乘坐时间机器回到过去并杀掉过去的自己的悖论，只存在于科幻小说中。

热力学第二定律似乎是解释时间的最佳选择。根据热力学第二定律，熵永远不可逆转地增加。这正是我们所观察到的现象，温度只会从高温向低温传递，两种不同气体会逐渐均匀混合，滴入水中的墨汁会逐渐扩散均匀。这些都代表着熵增过程，绝不可能回到初始状态。

但微观的物理规律从来都是可逆的，正像玻尔兹曼假设的弹性粒子模型一样，碰撞的全部过程是完全可逆的。这些可逆过程在宏观却形成了众多不可逆的现象。玻尔兹曼将弹性粒子引入后，不得不面对时间不可逆的诘难。玻尔兹曼试图通过分子混沌假设来解决这一问题。在参与碰撞后，分子会遵守特定的随机分布规律，或者说碰撞后的分子会逐渐难以区分。在多次随机碰撞后，根据分子混沌假设，分子所携带的初速度会逐渐被"遗忘"，并最终呈现随机分布。玻尔兹曼定义了与速度分布相关的 H 函数，并基于分子混沌假设证明了 H 函数是持续减少的，以及 H 函数是时间不对称的，这似乎给出了时间方向的证据。

但玻尔兹曼的假设并不正确。就像人掷骰子最终获得的点数是由人出手的速度和角度决定的，而不是由多次与桌面碰撞决定。骰子出手后，它将与桌面碰撞翻滚的次数已经注定，只是投掷者的测量与判断力不足以预测最终结果。最终决定点数的不是随机规律而是投掷者。如果存在一个聪明的小妖可以瞬间反转所有分子的运动速度，H 函数将会增长，这一点已经被计算机模拟所证实。玻尔兹曼支持者唯一可以欣慰的是，反转后的 H 函数增长到最大值后仍会单调下降。但这至少说明逆转时间仍具有可能性。

在 H 函数的改进中，粗粒化方法是最有代表性的，吉布斯用墨水形象地表达了这一方法。一滴墨水可以看作一个体积不变的圆球，当滴入清水后，随着时间变化，墨水会变成复杂的形状，像阿米巴虫一样向各个方向伸出触角，最终遍布整个容器。从理想情况来看，"阿米巴"化的墨水体积并没有发生变化，根据熵的定义，可以认为墨水的熵并不随时间而变化。但如果想要研究新扩散空间下的熵，无法将空间看作无限个点的组合，只能"粗粒化"为有限个小单元组成，这时，墨滴分子最终会占据全部小单元格。也就是说，从粗粒化意义上来看，墨滴的体积膨胀，系统的熵增加。

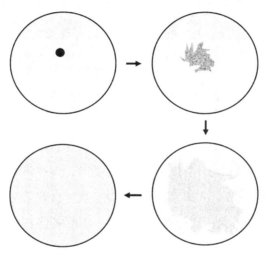

▲　墨滴滴入水中后的扩散过程，尽管实际上墨水的体积不变，但在"粗粒化"方法中，墨水占领了所有的粗粒化网格，实际体积发生膨胀，熵增加

　　粗粒化方法同样可以用于解释前面提到的吉布斯佯谬，方法揭示了空间有限与无限之间的矛盾。一小滴体积不可变的墨水可以占据任意大的体积，根源在于假设墨水是无限可分的。这正像康托尔所创造的可数性概念，自然数与偶数"一样多"，甚至于自然数与有理数也"一样多"。

　　但粗粒化方法并不能从根本上解决问题，更像是数学游戏。就像在解决吉布斯佯谬时我们发现系统熵与人的分辨力相关一样，粗粒化方法下的熵与粗粒化的程度相关，不可逆性看起来更像是人的主观幻觉。如果承认 10 个分子的运动是可逆的，那么 100 个呢？1000 个呢？分子数量多到多少才突然由可逆转化为不可逆呢？这与谷堆悖论是类似的。在 1 个谷堆里拿走 1 粒谷子，剩下的仍然是谷堆；当不断地拿走谷子，直到只剩下 1 粒谷子时，谷堆就消失了。谷堆是什么时间，如何消失的呢？

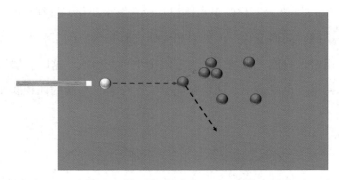

▲ 在斯诺克比赛中，运动员可以精确控制少数目标球的运动轨迹。但面对复杂的多球问题时，通常无能为力

看上去分界只在于当复杂性超过人类处理能力时，才不得不借助于统计力学。在粗粒化处理下，熵更像是对细节的信息丢失，也就是信息熵增加，而不是物理意义的熵增加。那么如果人的认识与计算能力可以无限进步，最终不可逆是否将完全成为幻觉呢？这样的答案似乎仍不让人满意，只能说这一次信息熵又成为完美的补丁。

或许，关于时间是什么的终极答案是，这一切都来源于人的幻觉而已。刚好宇宙处于低熵状态，将向高熵方向发展。就像一个被压紧的弹簧，放开的瞬间，整个弹簧将会弹起。初始条件才是熵增的驱动力，而非什么终极定律。而熵增后，宇宙将会走向热寂或是逆转走向熵减，都缺乏逻辑必然性。人类意识中的时间更像是一种幻觉，在熵增的大趋势下，人体中的化学反应进行方向与钟表指针的旋转一样被确定，我们只是宇宙演化过程中随波逐流的一员。或许在某一时刻，宇宙就像倒着放映的电影胶片一样，时间倒流，破镜重圆，已经灭亡的人类将以相反的方式在地球中重现，不知道那时的人类是否还在思考时间之箭的方向。

宇宙视角下的熵

在物理学的尺度中，宏观代表我们日常所能经验到的世界，而微观代表着小尺度的世界，宇观代表着更大尺度的世界。在三种世界中，物理规律并不相同。在微观尺度，量子力学处于决定地位，而热力学定律没有用武之地；在微观尺度，没有任何定律支持不可逆性，时间并没有方向；在宇观尺度，热力学定律仍然无法主导，由万有引力起主导地位，而万有引力是可逆的。在相对论时代，时间成为可变的，但无论是在狭义相对论中还是广义相对论中，时间仍然没有确定的方向。

宇宙背景温度或许为 2.7K，而宇宙中大约存在 10^{22} 颗恒星，恒星表面温度达数千摄氏度以上，巨大的温差会带来非平衡态和负熵流，而地球中的生物很幸运地享受着这一非平衡态，沐浴在阳光下，演化出多种生命。恒星的起源无法用熵增原理解释，为何宇宙会产生出这样一个非平衡态的结构，似乎只能借助于人存理论。老调的言论只是在重复着"只有这样的结构才会有人存在，有人存在才会观察到这样的结构"。

或许引力可以作为恒星起源的解释，但我们从未观察到过引力使得物质自然聚集并发生核聚变的现象。事实上，这在热力学定律看来是不可能的。你能想象一瓶氢气自然聚集为一点并变成一个氢弹？即使引力可以让恒星聚集，但在恒星质量还没有达到能维持稳定聚变反应所需的质量之前，就已经发生了爆炸。由于现有的热力学定律无法支持恒星这一低熵结构的存在，因此只能借助于宇宙大爆炸一类的假说，通过脑洞大开，把宇宙起源归因于盘古开天式的剧变。只有假设宇宙起源过程中现存的物理规律不正确，才可能解释低熵结构的制备过程。大爆炸理论将宇宙起源定义为极高温度状态。极高温度状态就像神话故事中假想出的太上老君炼丹炉一样，科学家们可以放飞自我，任意篡改物理定律。某一时刻某种力不存在，某一时刻突然由于某种原因导致引力坍缩，于是作为宇宙低熵的源头——恒星出现了。似乎就像电子游戏一样，将主角空投入某个场景，以后的事情将都按照游戏设计的规则严格进行，至于之前的事情无需解释。

但恒星的低熵确实来源于引力，也是引力在维持着恒星的平衡。热核反应使恒星膨胀的趋势与引力坍缩平衡，这使得核反应不至于过于剧烈。当聚变反应结束，恒星的寿命就将终结。按照现有理论，小质量的恒星由于引力不足以维持进一步聚变反应，大多数物质将会损失，中心会坍缩为白矮星。大质量的恒星内部将进一步发生核聚变反应，而大多数大质量原子的聚变反应都难以稳定。在核聚变过程中，由于引力无法束缚核聚变反应，因此这些恒星将以爆炸的形式结束生命，最终只留下一个高密度的核心。如果恒星足够大，在聚变为铁元素时仍未解体，但由于铁无法进一步聚变，失去聚变反应能量的恒星将无法维持稳定结构，核心将坍缩并导致爆炸。恒星解体最终是以物质耗散到整个宇宙中，并遗留下一个高密度的核心而终止。这一坍缩的核心很可能成为宇宙的奇点——黑洞。与大爆炸理论不同，恒星演化理论是依据现有的物理规律所推测出来的，符合熵增原理。

根据宇宙膨胀理论，宇宙体积似乎在增加，而在热力学定律中，体积增加代表着熵增。同样根据熵增原理，宇宙最终应均匀分布着物质与能量。但万有引力却倾向于将物质聚集起来，甚至在黑洞的引力下，物质倾向于塌陷在黑洞的引力范围内。霍金和贝肯斯坦在宇宙的热力学第二定律中认为，黑洞也是高熵存在的一种形式。理由是黑洞代表着信息的缺失，有理论可以证明黑洞是"无毛"的圆球，只有质量，电荷量和角动量是可测的。从黑洞形态中无法判断黑洞的历史。它是如何演化而来的，哪些物质被它吸入，都无从得知。贝肯斯坦的热力学认为，既然熵是恒增的，而信息进入黑洞后消失了，因此黑洞的熵必然增加了。他将黑洞熵等同于黑洞视界的面积，进而得出宇宙热力学第二定律。因为熵必然增加，所以黑洞吸入物质的过程熵会增加。霍金和贝肯斯坦的公式并不能通过与玻尔兹曼熵等同的方式推导出黑洞熵。黑洞的熵增或许是因为黑洞内存在着更为复杂的能态和位置结构，但这也只是猜测。而在霍金辐射下，由于质量丢失，黑洞熵会减少，如果黑洞质量增加，意味着信息的消失，那么霍金辐射后又是否有信息重新逃逸出来也是未知的。

宏观、微观与宇观并没有严格的界限，但在物理上又切实具有明显的差异。要将热力学定律扩展到宇观中，仍然存在着巨大困难。如果物质均匀分散的宇宙与坍缩为一个黑洞的宇宙都代表着高熵状态，那么宇宙最终是会不断膨胀下去，还是会终止膨胀，坍缩为一个巨大的黑洞呢？如果宇宙最终坍缩为一个高熵黑洞状态，是将开始新一轮的宇宙爆炸，还是维持在这一状态呢？

当熵的概念仅停留在克劳修斯所定义的状态函数时，是那样的清晰明确。但当克劳修斯熵被用来定义温度，需要寻找熵的新定义方式时，理论陷入了矛盾。当人类试图将熵扩展到微观和宇观时，一切变得混沌。信息、时间、宇宙起源……无数的概念似乎永远纠缠，无法思考出准确答案。从另一种意义上来说，人类掌握了某一宇宙的终极规律，就意味着对宇宙信息量的额外增加。根据熵增定律，信息量的增加意味着需要额外的熵增，以满足宇宙的总熵增长，这必然带来更多的混沌和不确定性。正如苏格拉底所说，知道得越多，越觉得自己无知。也许熵增原理真正所揭示的正是宇宙规律的不可知性。

第 11 章　温度的极限

井蛙不可以语于海者，拘于虚也；夏虫不可以语于冰者，笃于时也；曲士不可以语于道者，束于教也。——《庄子》

当我准备结束这本书的时候，我们对温度是什么，基本给出了一个令人满意的答案。正如本书所一再强调的，给出定义本身就是对理论的说明，随着理论的变化，定义也会发生改变。热力学第零定律给出了温度的测量方法；热力学第一定律给出了能量的定义；借助热力学第二定律，开尔文利用卡诺循环给出了开尔文绝对温度的定义方法。唯一的遗憾在于开尔文的定义方法不太适用于实际温度的测量，因为开尔文的定义需要对热量进行测量，而热量相对难以精确测量。利用熵定义温度，需要依赖于额外给出熵的定义，尽管目前对熵的定义还欠缺一点点严谨，但至少当前已经有了一个清晰的定义。只剩下最后一点点需要补充的地方是，以上定义是在人类通常观察温度范围内给出的，在更高温度和更低温度条件下的定义是最后需要探讨的问题。

任何物理定律都有其适用范围，当物理条件超出经验范围时，相应的定律可能会发生变化，甚至失效。近代物理学的主要突破正是超越传统经验适用范围所取得的。在小尺度范围内，量子效应将超越传统物理理论处于主导地位；在高速运动条件下，相对论将取代牛顿力学。那么对于高温和低温环境来说，热力学规律又发生了怎样的变化呢？

获取更高温度的方法

在地球环境内，温度最高的区域大概是地核，温度在 4000 ℃ 以上，或许会达到 7000 ℃。物质在地核内可能以液体形态存在，并处于复杂的流动状态。但这一切只是猜测，由于目前还没有技术可以到达地核内部，因此不可能对其进行直接研究。

在宇宙环境内，恒星内部处于高温状态。一般来说，恒星质量越大，由引力引起的聚变反应越迅速，内部温度也会更高，但这一规律只对主星序中的恒星成立。恒星稳定发光是因为聚变反应产生的热膨胀与引力维持平衡，但对于生命末期的恒星来说，由于内部氢聚变反应结束，平衡被打破，恒星会在引力作用下收缩，达到更高的温度。这一过程使氢聚变为碳的反应发生，同时高温使外部气体被抛射出去，温度降低。核心高温、外表面大而低温是正处于生命末期的红巨星的主要特点。未来它可能会成为白矮星、中子星或黑洞。

无论是地核深处，还是遥远的恒星，当前的人类技术都无法到达。温度只能由高温物体传递到低温物体，要获得更高的温度，只能从传热以外的途径向系统内加入能量。加入的不论是机械能、化学能、电磁能、光能还是核能，只要能将额外能量加入系统中，根据热力学第一定律，就能使系统热能增加，并伴随着温度的增加。如果系统能够做到完全保温，而额外的能量能够不断加入系统中，理论上系统温度可以达到无穷大，这显然是不可能的。

将机械能转化为热能，通俗地讲就是摩擦生热。大多数人都有在寒冷的冬天搓手取暖的经历，原始人钻木取火也是利用了机械能制造超过燃料燃点的高温。高速旋转的砂轮通过摩擦，可以产生高于金属熔点的温度。人类很少使用机械能生热，大多数时候都在避免由于摩擦造成温度升高。人类通过机械能所能制造的温度极限大概出现在从外太空返回的飞行器表面。如果要烧毁某一飞行器，就让其从外太空自然落入大气层。由于飞行器与空气摩擦及对空气的压缩作用，飞行器的表面温度会达到数千摄氏度。宇宙飞船返回地面时，必须采用复杂的热防护技术，避免高温威胁到飞船和航天员的安全。轴承通过精密的加工和合理的润滑，最大限度地降低摩擦，或通过磁悬浮、空气悬浮等方法避免固体之间直接接触，减少摩擦生热。

化学能可以说是最简单方便获得高温的手段。人类正是从掌握火开始逐渐进入文明社会。通过化学燃烧，人类可以轻易获取所需的高温，并用于加热食物、取暖、冶炼金属、铸造工具、推动热机做功等。

化学能并不能无限产生，按照一定比例的反应物会将化学能转化为相应的热能，也就是说，化学反应只能将生成物的温度提高有限数量。可以通过提高反应物的纯度来提高化学反应所能达到的温度，例如乙炔与纯氧的燃烧火焰温度远高于在空气中燃烧的温度，可以用来焊接和切割金属。但即使用完全纯净的两种物质发生反应，所能达到的温度仍是有限度的。另一个可以提高温度的办法就是预热反应物，反应物的温度越高，反应后的产物温度也越高。理论上可以通过反应后烟气预热反应物的方式来无限提高反应物的温度，例如某反应可将反应前后的温度提升2000℃左右，用反应后的烟气将反应物预热温度提升1000℃，即可得到3000℃高温，如此不断循环就可得到无限高的温度。但由于预热需要通过换热器实现，而换热器存在耐热极限。此外，当反应物的温度被加热超过极限后，反应形式将是剧烈爆炸而非稳定燃烧。确实，在爆炸反应中，由于化学反应剧烈而产生的冲击波会带来瞬时的高温，但温度并不会很高。目前有测试记录的化学反应所能达到的温度几乎没有超过5000℃，或许未来会有更高能的燃料被发现，但可以预见，增长的潜力仍然有限。

电制热也是通常使用的产生高温的方法。利用电流热效应，当电流流过导体时，会在导体中产生热。电流产热的原因并不像表面看上去那样简单，一般认为金属导电是因为其中自由电子运动的结果，这些自由电子在运动过程中会与原子发生碰撞，因此产生热。但事情并不如此简单，特别是当超导体发现后，用电子运动碰撞无法解释超导现象。现在一般解释需要引入声子的概念，声子是对晶体中原子振动能量的量子化。不能用宏观物理的思维来理解量子化的概念，声子与光子、电子在量子概念中，更像是一种工具化的问题处理方式，而非实际存在物。当电子经过晶格时，电子与格点上的离子发生相互作用，便会引起晶格点阵的畸变，因而会损失能量，最终导致金属导体发热。当电子在低温处于凝聚态时，会产生超导现象。当前超导理论仍然存在很大争议，著名的BCS理论也未能成功预测出基于磁性相互作用的超导体。事实上，与众多只能解释已有现象，无法准确预测新现象的理论一样，电阻和超导现象的理论远没有成熟。

　　虽然电加热已经成为常规的制热方式，并被广泛应用，但其所能达到的温度极限仍然受众多条件限制。尽管加大电流非常容易，会瞬间产生大量的热，但当温度超过导体熔点时导体将会融化，加热过程就会停止，保险丝正是利用这一原理避免发生短路。

　　一个常用的解决方式是利用气体作为导体，当气体处于电离状态时，其将成为等离子体。等离子体是优良的导体，只要加入的电流足够大，就将产生相当高的温度。电焊只需要简单的设备就可实现空气电离，并达到瞬间的高温，熔化金属，完成焊接。据估计，电焊电弧可达到 8000℃，甚至更高。

　　在自然界中，最强烈的放电现象为雷电，据估计在雷电放电过程中，中心温度可以达到 20000℃，人为模拟闪电实验的电流强度和温度也在逐渐接近实际闪电强度。在工业领域，电弧加热可以轻松将温度加热到 5000℃ 以上，已成为制造高温的重要手段。

　　利用电磁波或光波加热也可以产生高温，尽管两者之间的原理并不相同。日常电磁波加热的例子是微波炉，当微波炉所发射的微波刚好与水分子振动频率接近时，微波将带动水分子旋转和振动，也就是有额外的能量被加入到系统中。当水分子作为载体将能量向周围传递时，整个系统温度将会逐渐升高。微波的穿透能力使加热过程可以发生在被加热物体的内部。由于省略掉由系统表面到内部的传热环节，因此可以实现更大的加热功率。利用光波加热大多是使用激光作为加热源。由于可以使用光学透镜将激光集中在很小的范围内，因此更容易实现瞬间高温。激光焊接技术正是利用光学加热原理实现高温。在热门的 3D 打印技术中，由于激光加热方式的非接触性和便捷性，常被用于熔化金属粉末。理论上只要发射功率足够大，而且发射出的能量能够被高效吸收，使用电磁波或激光都可以将温度加热到无限大。但当系统温度不断升高时，放热散热速度也将不断增加，当散热与加入的能量相互平衡时，温度将无法升高。

人造温度的极限

人为制造高温的方法众多，只需要在短时间内迅速向系统输入能量，且输入的能量大于释放的能量，温度即可升高。

核能作为能量释放最迅速的方式，可以轻易地制造出极高的温度。核弹爆炸中心的温度估计会达到数千万摄氏度，而氢弹爆炸中心的温度可达到 1 亿摄氏度，甚至更高。与太阳中心的 1500 万摄氏度相比，人类所能制造的温度已经达到太阳系的极限。

可控核聚变一直是科幻小说中被作为解决人类能源问题的"钥匙"。但在地球上，无法创造出太阳中心那种大引力高密度的环境，目前看来实现核聚变的唯一方法就是提高原子核的运动速度，使其突破原子核间的库仑力，实现聚变。氢弹正是利用原子弹爆炸产生的高温高压实现聚变反应，但反应过于剧烈，无法控制。

制造出一个稳定又高温的系统是聚变反应的基础，为此人类已经将现有可能的加热技术应用到极限。在惯性约束反应中，试图利用激光加热达到反应条件，但如此大功率的激光设备在当前技术条件下是不可能的。在强磁场约束等离子体技术上，由于等离子体实在太稀薄，因此需要更高的温度才能让粒子之间实现碰撞并发生聚变。利用电流加热是最基础的方式，技术上也最容易实现，但温度越高，等离子体的电阻会越大，加热效率也会越低。利用机械能加热是常用的补充手段，将粒子加速到更高的能量后注入等离子体中，利用粒子的动能加速等离子体。另一个常用的补充技术是利用微波进行加热。微波加热需要根据等离子体内粒子能够吸收的微波频率向等离子体发射大功率微波，以实现对等离子体的加热。但即使是使用如此多的复杂技术，仍未实现可长期维持的聚变反应。

超高温下的温度定义

当温度逐渐升高，分子间的热运动动能超过分子的键能时，分子会分解成原子。当温度进一步增高，原子热运动动能超过电离能时，系统的基本组元变成离子和电子。这时长程的电磁力开始起作用，体系出现了全新的运动特征，这就是等离子体状态。高温会导致原子电离，但高温并不是产生电离的唯一方式。光辐射、原子间碰撞等都可能引起原子电离。由于电荷间的相互作用力要强于不带电原子之间的作用力，因此只要电离比例超过 1/1000，物质就会表现为等离子态。

由于质量悬殊且等离子体很难长期稳定存在，只有在恒星等少数环境中，等离子体才可能近似达到离子与电子的热力学平衡。因此在大多数条件下，电子和离子会先分别达到相对平衡状态，速度分布符合各自的统计规律，但电子与离子之间难以达到平衡。研究等离子体的物理更倾向于将离子和电子分别进行描述，用离子与电子的平均动能作为描述两者宏观状态的量。大多数时候这一量的单位是电子伏（eV），其实就是与焦耳一样的能量单位，$1eV=1.6021766208 \times 10^{-19}J$。大多数时候，离子与电子的平均动能会存在巨大的差异。有时为了直观，也会使用温度代替电子伏，但这时所用的温度与我们一直所提的温度完全不同，其在本质上是个能量单位。当描述日光灯的电子温度为几万摄氏度时，这一温度并无任何与温度相关的实际意义，几万摄氏度并不能烫伤你的手指。曾经有过新闻报道，某核聚变实验堆内温度达到了几亿摄氏度。读者可能会被这样的高温吓一跳，但这只是新闻为了"吓读者一跳"的方式而已。几亿摄氏度并不具有热力学温度的实际意义，只是一个电子平均动能的单位。只有当等离子体处于稳定状态时，谈论热力学温度才具有实际意义。

高温的极限

温度的极限是多少呢？理论上不存在极限。将宇宙中的全部质量转化为能量，或许是温度的极限状态，这与想象中的宇宙大爆炸初期基本一致。

谈论宇宙大爆炸的初期温度并无实际意义，并不能用现有的物理定律来估算宇宙大爆炸时期所遵守的物理定律。一些科普文章中给出的大爆炸温度 10^{32}℃更像是胡思乱想。这一温度是根据某些理论推算出来的，当温度达到这一数值后，黑体辐射出的光子能量会超过普朗克质量所对应的能量，光子会形成黑洞。这样的推理过程经不起推敲，为什么超高温下一定会黑体辐射，一定会发射光子？为什么光子能量就一定不可以超过普朗克质量？如果只是与现有理论相矛盾，可以通过修正现有理论适应这样的新温度范围，而不是断言无法达到这样的温度。

在超高温度下，热力学规律已经与现有定义完全不同，根据哈格多恩的预言，当温度超过某一极限温度时，将会发生新的相变，质子和中子将变为具有自由度的夸克，在这一维度就需要新的理论来描述热力学温度。只有对超高温度给出定义，描述某一物质的温度为 10^{10}℃ 或者 10^{20}℃ 才有真正的意义，正如本书一再强调的，定义就是理论本身，当缺乏超高温度理论时，任何对超高温度的表述和定义都毫无意义。

▲ 研究宇宙大爆炸时的温度为多少更像是数学游戏，由于缺少明确的定义，所以给出的温度数值并没有实际意义

低温环境

我们所处的宇宙是一个低温环境，宇宙背景温度估计为 2.7K，目前所观测到的最寒冷的地方位于半人马座，一个被称为"回飞棒星云"的地方，据称这里的温度仅为 1K，这一星云处于膨胀状态被认为是其温度低于宇宙背景温度的原因。但这一观测结果仅为推测，没有人能在这个 5000 光年以外的星云中安装一个温度计。星云低温仅是根据黑体辐射波长估算的结果。在太阳系中，由于炙热太阳的存在，一直处于宇宙相对高温的状态，而地球由于大气层的温室作用，即使在两极寒冷的冬天，温度也会达到 200K 以上。因此想要在地球上获得更低的温度，就必须使用一定的技术。

制造低温

根据热力学第一定律，当系统失去能量时，温度会降低。因此与制造高温相反，制造低温需要从系统中提取能量。热量只能从高温物体流向低温物体，要制造比周围环境更低的温度，就需要额外的装置。让一系统主动向外输出能量较为困难，但将系统制备为低熵状态，使系统处于孤立状态并增加熵，由于熵增加必然对应着吸热过程，因此系统温度就会降低。液体蒸发变为气体正是一个典型的熵增过程，同时伴随着温度降低。

空调和冰箱是最常见的人造低温技术，极大地改变了人类的生活方式。制冷剂被压缩液化后，会释放出大量的热量，这些热量被交换给外界；液态制冷剂经过节流后压力降低，重新恢复到气态时需要吸收大量的热量，吸热过程就会降低温度。空调与冰箱正是利用压力不同的工质沸点存在差异，将热量由低温传输到高温。通过压缩机产生高压，这也是常用的空调制冷方式，但并不是唯一的。吸收式制冷可以利用不同温度下气体溶解度的变化，通过加热工质使气态工质析出，产生高压，溴化锂和水或氨气和水是最常用于吸收式制冷的工质。

利用气体在不同压力下的沸点变化是简单便捷的制冷方式，但对于很多低沸点气体来说，比如氦气，无法直接通过压缩实现液化，难以通过这种方式制取更低的温度。当不存在相变时，膨胀未必会导致温度降低。对于理想气体来说，在向真空膨胀的过程中，温度是不变的。因为理想气体在理论上只会发生弹性碰撞，分子平均动能不会损失，温度不会变化。但对于实际气体来说，结论较为微妙。实际气体存在着分子间的相互作用力，当气体向真空中膨胀时，分子间的平均距离增加，为抵消分子间的作用力，平均速度会降低，气体得到冷却，但温度下降幅度有限，并没有多少实际意义。在制冷中真正用到的是节流膨胀，也叫作焦耳－开尔文膨胀。流体通过截面突然缩小的孔口后压力降低，体积增加，称为节流膨胀。对于实际气体来说，当温度高于某一温度时，节流膨胀会导致温度升高，而当温度低于这一温度时，节流膨胀会导致温度降低，这一温度称为反转温度。因此只要将气体冷却到反转温度以下，通过节流膨胀就可以制取更低的温度。卡尔·冯·林德正是利用这一原理设计出工业化可行的林德过程，并用于制冷。氮气的最大反转温度为 607K，因此很容易使用林德过程并将其降温制取液态氮气。一旦获取到低温的液态氮气，并掌握节流膨胀的原理，就将真正打开低温物理的大门。大量液态氮气可以作为稳定的冷源，并用于预冷其他气体，进而将那些沸点更低的气体进行液化。杜瓦使用液氮冷却氢气，成功将其液化。昂尼斯使用液氢冷却氦气，成功制造出液态氦气。液态氢的温度大约为 20K，液态氦的温度约为 4K。当获得各种液态气体后，就可以将这些气体作为工质，采用空调制冷的方式通过压缩和膨胀继续获得更低的温度。通过这样的技术，昂尼斯获得了 0.83K 的低温。

使用这一方式进一步降低温度，主要受制于所使用制冷工质的沸点，尽管可以通过降低压力来降低气体的沸点，但是过低的真空度在技术上存在着极大的困难。幸好随着核工业的发展，人们可以制备出 ^{3}He 并代替 ^{4}He 作为制冷工质。^{3}He 是 ^{4}He 的同位素，由 2 个质子和 1 个中子、2 个电子组成，沸点比 ^{4}He 更低。在自然状态的氦气中，^{3}He 含量很低，但核工业可以制备出足够低温物理使用的 ^{3}He。使用 ^{3}He 作为制冷工质，采用蒸发制冷，利用活性炭吸附泵获取更低的压力，致冷温度可达到 0.3K。

新的制冷方式

采用蒸发制冷无法突破更低的温度，需要寻找新的原理。

稀释制冷机利用 ^{3}He 与 ^{4}He 的沸点具有明显的差异，通过不断将两种物质混合和分离来制冷。^{3}He 与 ^{4}He 混合为熵增的过程，这一过程会吸收热量，达到制冷的目的。混合后的氦气再通过蒸发进一步分离获得低熵。稀释制冷机与吸收制冷机的原理类似，只是将工质更换为氦的同位素。稀释制冷可以很容易达到毫开（0.001K）级的低温。

在 ^{3}He 被发现和大量使用以前，低温物理更多利用磁热效应制冷，以获得更低的温度。对于顺磁材料来说，受磁场作用后会被磁化为有序结构，这一过程将向外释放热量；当磁场消失后，在强磁场作用下形成的磁化有序结构会转换为无序结构，这一熵增过程将会吸收热量。利用磁致冷很容易理解和操作，也会制取极低的温度。采用顺磁盐可以获得毫开级的低温。原子核自旋产生的磁性比电子旋转的磁性更低，可以用于更低温度（微开级别）的制冷，也就是 10^{-6}K 的低温，使用二级铜核绝热去磁可以使系统温度达到纳开级（10^{-9}K），这已经是在宏观领域制冷所能达到的极限。

激光冷却技术为制造更低温度提供了全新的思路。激光冷却，顾名思义就是利用激光实现冷却。激光与自然光的最大不同在于具有极低的熵，利用低熵流可以创造熵减的环境。对于原子尺度的物质来说，光子的作用力已经可以对原子产生显著的影响。在多束激光作用下，原子就像在激流漩涡中的小船，反而会保持平静，这正是激光冷却作用的基本原理。多普勒冷却利用多普勒效应和原子能量跃迁，使原子吸收的光子波长高于所发射的光子波长。由于波长越长，光子能量越低，因此原子由于能量亏损而速度逐渐降低，最终被减速和冷却。

随着技术的不断发展，亚多普勒冷却、亚反冲冷却等冷却方式不断被发现，其基本原理都是利用光场对原子力的作用来达到冷却。与其他冷却方式不同，激光冷却只能对特定物质进行冷却，其中大分子的碱性金属原子气体由于具有多个可能跃迁的能级，气体稀薄、原子间相互作用力微弱，因此制冷更为容易。采用激光制冷技术已经可以轻易突破微开级的温度，并有望获得更低的温度。但必须注意，激光制冷所获得的低温只是将有限的原子低速"囚禁"在光场中，并非严格意义处于热力学稳定状态，所获得的低温也并非严格意义上的热力学低温。

低温的测量

上述各种低温制取的方式对于完整读过本书的读者来说，必然留下一个疑问，那就是所说的毫开、微开甚至纳开到底是什么意思？利用理想气体所定义的温标，在几开量级完全可以通过声学温度计等技术对温度进行定义和测量，但是更低的温度呢？显然我们需要的答案并不是 1mK=0.001K 这样的同义语反复，我们需要回答 1K 的千分之一到底是什么意思。

至今我们已有借助卡诺循环的温度定义和统计力学的温度定义，在极低温度为保持定义一致性，仍然希望能够延续使用这两种定义方式。开尔文借助于卡诺循环的温度定义存在的问题是在极低温度下理想气体将不存在。即使一些物质仍然保持气态，但由于量子效应会显示出很强的粒子间相互作用，再利用原有卡诺循环进行温度定义已经失去价值。但开尔文的定义并非完全失去意义，顺磁体磁化冷却技术本身就可以近似为卡诺循环过程。利用顺磁冷却过程可以代替卡诺循环定义温度。

正如前面所说，采用开尔文定义方式需要测量热量，而热量难以精确测量。在极低温度条件下，少量的热辐射或热量泄漏都会带来很大的误差。因此这种方式在作为温度定义时可以使用，但作为温度计测量温度，在实际应用中仍然极为麻烦。目前在极低温度下并没有统一的国际温标，所使用的温度计具有多种种类，只能根据应用场合适当选取。

目前所说的达到制冷温度极限，多数并没有被多种技术反复测定，仅是根据不同理论估算出的温度。例如噪声温度计利用电子热波动效应测量电流噪声，利用统计学推算温度；磁温度计利用居里定律，根据温度与磁化率之间的反比关系，通过测量磁化率获得温度；核磁磁化温度计利用温度对原子核自旋的影响进行温度测量，这一测温方法可以忽略掉电子旋转的影响，因此测温范围更广。但以上测温方法都依赖于温度以外的物理定律，并不能从温度的本质去测量温度。正如热电阻测温需要获得温度与电阻的关系曲线才能工作一样，需要通过其他技术精确测量温度，才能验证电子热噪声规律、居里定律等定律在所测温度范围内仍然保持原有的规律。由于当前缺少这种反复验证测量的技术和工具，因此进行的温度测量并不是真的确定达到了某一温度，只能作为一种近似。

在缺少明确定义和可靠测量仪器之前，所有的超低温都没有意义。

温度计

▲ 明确的定义和可靠的测量手段是给出温度定义的前提，两者缺一不可。当前超低温物理对温度的定义和测量仍需要补充开展大量的研究工作

测量激光冷却所达到的温度则更为复杂。由于激光冷却并非严格意义的热力学稳定状态，本身是否存在宏观温度就存在疑问，现有的测温技术也都无法对其进行测量，只能通过测量原子运动速度将其等价为温度。因此从这种意义上来说，所谓的激光冷却技术将温度降低到了多少微开，只是在描述这一技术对原子减速的能力，而非温度真正达到了多少。

超低温特性与应用

制冷技术的发展已经使低温环境成为常见和廉价的，从日常生活使用的冰箱、空调到液氮温区的低温技术都已经相当成熟。氮气是性质稳定的气体，不会像液氧、液氢那样容易爆炸，也不会像液氢一样破坏存储装置。最重要的是液氮价格相当便宜，可以开玩笑地说，液氮的价格已经像瓶装矿泉水一样低廉。

液氮廉价既有技术原因，又有经济学原因。空气的 4/5 由氮气组成，获取液体氮气要比获取其他成分的气体更为容易。但这并不是氮气廉价的根本原因。在工业上，纯氧需求量巨大，特别是在钢铁工业，纯氧是炼钢的重要原料。而钢铁工业是支撑人类生产活动的重要基础，对钢铁有着持续稳定的需求，因此纯氧需求也是持续稳定的。当前制取纯氧最经济有效的办法是通过液化空气分离出氧气，副产品就是液氮。液氧与液氮在工业供求关系中的巨大差异，使得液氮作为"无用"的产品只能廉价甩卖。决定产品价格的并不是其成本，而是供求关系。

相对于廉价的液氮，获取和保持液氦温区以下的低温环境则要昂贵得多。液氦是最安全的实现低温区环境的介质，但氦气由于密度低，很容易从大气层逃逸到宇宙中。氦是惰性气体，无法像氢一样以化合物形式存在于地球中，只有少量天然气矿中含有氦气，据估计这是因为天然气可以捕捉地球深处裂变反应产生的氦气。

氦气的稀缺使得液氦温度以下的超低温环境成为相对昂贵的环境，也限制着低温技术的应用，其中受影响最大的就是超导技术。超导现象是超低温物理特征中最诱人的一项，超导在产生超强磁场技术中是不可或缺的，但由于只能使用液氦作为冷却介质，使得超导在发现 100 多年后造价依然昂贵，仅能在有限领域得到应用。

超低温在科研领域已经成为重要的技术手段，通过制造超低温环境，可以"冷冻"分子或原子,将其运动速度降低,便于实验观测。低温技术与电子显微镜相结合,已经使人类具有观测绝大多数分子结构形式的能力,正在推动着分子生物科学的发展。在宇宙探测时,超低温可以最大限度地降低热力学噪声对观测的影响。超低温下气体被完全液化,可以制造低温真空泵,高效率制造真空环境。低温超导技术可产生各种实验所需的强磁场环境。

超低温与凝聚态

当物质处于超低温状态时,量子效应将起到主导作用。在常温状态,可供粒子选择的能态数量可以近似为无限多,但对于超低温状态来说,这样的近似是错误的。当原子热运动速度逐渐降低,其对应的物质波波长将会逐渐变长,当物质波波长的数量级达到原子尺度时,各原子之间将不再是独立的,会产生相互作用。当温度足够低时,玻色子就会表现出玻色–爱因斯坦凝聚态,大量原子处于相同的最低能态。当大量玻色子不具有可区分性时,就可以表现出宏观量子特性。氦的超流现象正是这样的例子,在超流状态下物质黏性将会消失。

超导现象也可以用凝聚态理论来解释,但更为复杂。可以将金属导体内的自由电子看作由电子组成的气体,但电子是费米子,不会出现玻色–爱因斯坦凝聚现象。现有理论认为,当温度足够低时,两个电子结成库珀对。形成库珀对的电子会成为玻色子,符合玻色–爱因斯坦统计规律形成凝聚态。形成库珀对较为困难,需要很低的温度,这一理论也可以用于解释作为费米子的 ^{3}He 也存在超流现象的原因。

低温的极限

极低温度从定义到测量都极为困难,那么温度降低是否存在极限呢?或许有些课程上会提到负温度,但这并不是严格意义上的热力学稳态,也不具有实际意义。对于稳态状态来说,当能量增加时熵会增加,当能量减少时熵会降低。但当激光器处于特殊激发状态时,可能会通过发出激光来散发能量,同时这一过程会带来熵的增加。

如果定义温度 $\frac{1}{T}=\frac{\mathrm{d}S}{\mathrm{d}E}$,看上去这种反常现象温度为负数。但所说的负数更像是文字游戏，并不具有热力学意义。就像定义长耳朵四条腿的动物是兔子，以此认定一只长耳朵狗就是兔子一样。

如果负温度不存在，那么低温的极限看上去应该是0K了。但需要对0K给出定义，缺少定义的命题没有意义。

瓦尔特·能斯特首先给出 0K 的定义，他的定义是通过实验观测到的，当温度降低时，熵的变化逐渐趋于零。能斯特的**热力学第三定律**表述：

绝对零度时，处于平衡态的系统熵保持不变。

普朗克直接将熵不变定义为零，因此普朗克表述就是：

绝对零度时，所有平衡态的系统熵都为零。

需要注意的是，绝对零度并不对应能量为零，而是熵为零。在极低温度下，量子效应起主导作用，对不同物质会表现出不同的量子特征。对于费米气体来说，由于必须遵守不相容原理，因此所有原子无法占据相同的能级，当低能级状态被占据后必然会挤占更高的能级。而对于玻色气体来说，则不存在这样的问题。如果将每个原子不做区分来统计熵，那么当所有的原子都处于量子力学所允许的最低能级状态时，系统可能的能态是唯一的，系统可能状态数 $W=1$。根据玻尔兹曼定义 $S=k\log W=0$。

但问题远不像想象得那么简单，对于物质来说，即使所有原子的电子所处的能级都已经处于最低，但如果考虑原子核旋转将会带来新的熵，即使掌握了所有原子核旋转能量的量子数，仍然无法确保原子核内部更精细的结构是否会带来熵增。

前面已经讲过，熵的定义事实上依赖于人的主观判断，玻尔兹曼时代只将物质简化为刚性原子小球以定义熵，但在超低温量子化尺度，这样的定义远远不够。将电子、核自旋、核子等因素考虑进熵的统计中是极其必要的，但这些子系统的加入可能没有尽头。

熵的定义缺乏精确性，而热力学第三定律依赖于熵的定义，因此也导致热力学第三定律的表述存在缺陷。在西蒙的表述中：

处于热力学平衡系统的各方面对系统熵的贡献随着温度趋于绝对零度而趋于零。

这一表述的好处是可以不必去管那些恼人的可能未被考虑到的熵增因素，先着眼于降低已知的熵来降低系统温度，当这些显著熵增因素被消弱到微乎其微时，自然会有新的熵增因素被显露出来。就像我们利用顺磁冷却逐渐降低电子能级差异带来的熵，当接近极限时，核自旋的问题就会逐渐被关注。随着未来技术的进步，能够完全降低核自旋的熵时，更微观尺度的熵将成为关注的重点，从严格意义上看，这也意味着对绝对零度的重新定义。

▲ 绝对零度被定义为熵为零的状态，但熵的定义具有主观性。在当前人类认知范围内，最难降低的熵是核自旋，当降低核自旋技术成熟后，是否会有新的微尺度熵受到关注，目前仍是未知数

对于绝对零度下的物理特性，存在着很多有意思的推论。可以证明：在绝对零度，物质热容为零；在绝对零度，不存在理想气体；在绝对零度，居里定律失效，磁化率将受到量子效应影响，磁矩将在量子效应下成为新的有序状态。

由于这些推论的存在，开尔文基于卡诺循环所定义的温度方式将无法在接近绝对零度下使用，因为理想气体和居里定律都已经失效，现有所能想到的卡诺循环形式在绝对零度附近都无法工作。由于物质热容变为零，在绝对零度如何进行等温换热，在理论上无法进行描述。

热力学第三定律的通俗表述：

无法在有限步骤下将物质冷却到绝对零度。

这也是更广为人知的热力学第三定律表达形式，也是热力学第三定律的重要推论。但这一表述掩盖了热力学第三定律的真正内涵，甚至让人以为热力学第三定律仅是热力学第二定律的推论。按照热力学第二定律，当冷源温度为 0K 时，卡诺循环效率为 1，也就是将热量全部转换为功，与热力学第二定律开尔文表述矛盾。但这样的看法并不正确，在接近 0K 时，卡诺循环无法存在，以不存在的循环得出 0K 不存在的推论，在逻辑上是错误的。

研究成果即定义

在超高温领域，人类的探索更像是在建造空中楼阁，甚至还会把高能量概念混淆为高温。当缺乏理论成果的支撑时，所谓的 1 亿摄氏度，10^{10}℃只能是一个数字，毫无实际意义。就像故事书的独角兽或麒麟，我们可以描述其具有腾云驾雾的能力，但这一切的描述都是基于现有人类常识的推测，这些神兽形象终究逃脱不了人类所见过生物的形象，无非是将现有素材组合嫁接。如果未能真正研究过一头独角兽，对独角兽的描述就没有意义。同样，如果不能实际获取到高温，并对其特性进行研究，所谓的 1 亿摄氏度只是科学领域的神话而已。

不同于高温领域，超低温理论的研究更为务实，取得的成果也极为可观。超导、超流、凝固态等已经多次获得诺贝尔奖，超低温技术也正在创造良好的低温实验环境，促进其他技术领域进步。而这些研究本身也在丰富着人类对超低温的理解和对超低温的定义。4.2K 不只是一个数，还对应着汞的超导临界温度；同样的 2.6mK 对应着 ^{3}He 的超流临界温度。随着对低温下量子效应的理解和发现，现代科学所理

只有我最了解温度是什么。

▲ 概念的形成与确定是复杂演化的过程，厨师所理解的温度与低温物理学家所定义的温度存在本质差异。温度定义一直随着理论的发展而变化，只有逐渐理解热力学理论，才能真正理解温度的定义

解的绝对零度与能斯特所理解的绝对零度已经完全不同。

　　只有完全掌握热力学理论，才能真正理解温度的定义。科学定义从来都不是静止不变的，会随着理论的发展而变化，没有人能够掌握全部的科学理论。厨师与医生理解的温度完全不同，发动机工程师难以理解低温物理学家所定义的温度，而低温物理学家之间对温度的理解也存在着分歧。温度当然应该具有确切的定义，越是理论成熟的领域给出温度定义越容易。厨师更喜欢用经验和火候，排斥使用温度计，但精确的水银温度计可以让医生更容易掌握病人的病情。发动机工程师已经可以基本掌握物质从常温到 2000K 的性能变化规律，并将其应用到发动机设计中，但低温物理学家仍受昂贵的制冷成本制约，不能通过大量实验掌握低温性能。

　　更多探索研究是解决争论的唯一方式，任何研究成果都在丰富着科学定义。定义并非一成不变，而是随着理论的发展而变化的。定义就是理论的全部，这正是本书所要表达的唯一主题。

参考文献

[1] 欧文·金格里奇. 无人读过的书——哥白尼《天体运行论》追寻计 [M]. 王今，徐国强，译. 北京：生活·读书·新知三联书店，2017.

[2] 亨利·彭加勒. 科学与假设 [M]. 李醒民，译. 北京：商务印书馆，1997.

[3] 国家技术监督局计量司. 1990 国际温标宣贯手册 [M]. 北京：中国计量出版社，1990.

[4] 彼得·柯文尼，罗杰·海菲尔德. 时间之箭 [M]. 江涛，向守平，译. 长沙：湖南科技出版社，2018.

[5] 布隆代尔. 热物理概念——热力学与统计物理学 [M]. 鞠国兴，译. 北京：清华大学出版社，2012.

[6] 威廉·K. 克林格曼，尼古拉斯·P. 克林格曼. 无夏之年：1816，一部冰封之年的历史 [M]. 北京：化学工业出版社，2017.

[7] 约翰·霍根. 科学的终结 [M]. 孙雍君，张武军，译. 北京：清华大学出版社，2017.

[8] 彼得·伽里森. 实验是如何终结的 [M]. 董丽丽，译. 上海：上海交通大学出版社，2017.

[9] 杰克·齐克尔. 日全食 [M]. 傅承启，译. 上海：上海科技教育出版社，2002.

[10] 钮卫星. 从光线弯曲的验证历史看广义相对论的正确性问题 [J]. 上海交通大学学报（哲学社会科学版），2003, 5(11): 36-40.

后　记

　　历时三年多的撰写，在本书将要出版之际，反倒有一种意犹未尽的感觉。

　　感谢清华大学出版社为本书出版提供的支持与帮助。感谢鲁永芳编辑在图书撰写和修改中提出的宝贵意见。感谢余芳芳绘制的精美插图，使读者更方便阅读和理解，为本书增色不少。特别感谢我的妻子和家人一直以来对我的默默支持和鼓励。

　　我当然希望本书能像《时间简史》一样成为不朽的著作，持续地为人们普及科学的基本精神。但能力和学识有限，只能退而求其次，哪怕读者能从中获得一点点收获和共鸣，就足以让我深感欣慰。书中难免存在纰漏和错误，也请读者不吝赐教。